Historia de la Física: La historia de Newton, Feynman, Schrodinger, Heisenberg y Einstein. Descubra a los hombres que desvelaron los secretos de nuestro Universo

Jordan Rodriguez

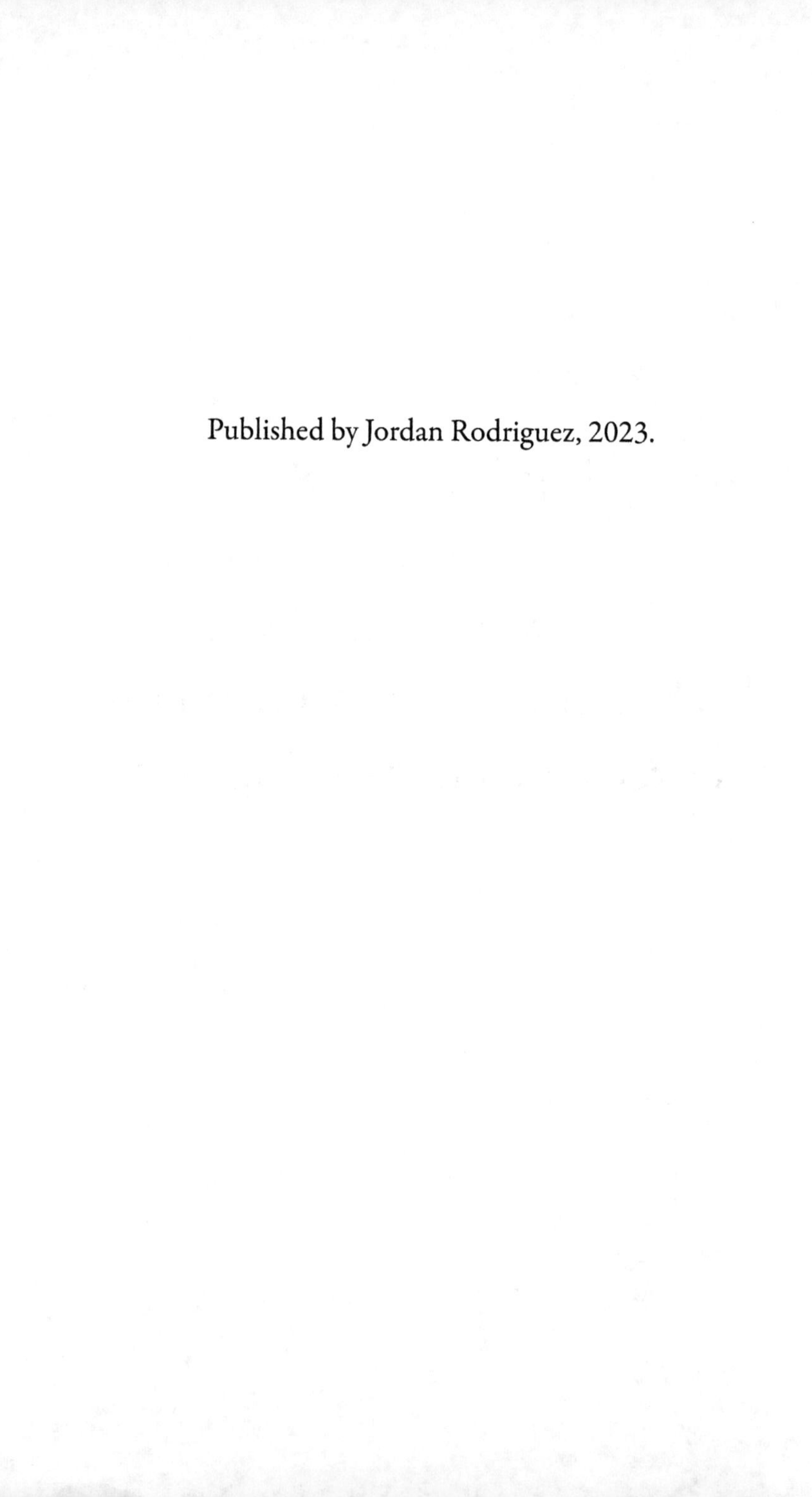

While every precaution has been taken in the preparation of this book, the publisher assumes no responsibility for errors or omissions, or for damages resulting from the use of the information contained herein.

HISTORIA DE LA FÍSICA: LA HISTORIA DE NEWTON, FEYNMAN, SCHRODINGER, HEISENBERG Y EINSTEIN. DESCUBRA A LOS HOMBRES QUE DESVELARON LOS SECRETOS DE NUESTRO UNIVERSO

First edition. April 4, 2023.

ISBN: 979-8215648551

Written by Jordan Rodriguez.

Also by Jordan Rodriguez

Historia de las Matemáticas: La Historia de Platón, Euler, Newton, Galilei. Descubre a los Hombres que Inventaron el Álgebra, la Geometría y el Cálculo.
Historia de la Física: La historia de Newton, Feynman, Schrodinger, Heisenberg y Einstein. Descubra a los hombres que desvelaron los secretos de nuestro Universo

Tabla de Contenido

INTRODUCCIÓN

Los inicios de algo así como una historia conectada de esta ciencia que actualmente se denomina física podrían situarse con sustancial definición en torno al inicio del siglo XVII y también relacionarse con el excelente título de Galileo. Obviamente, es cierto que durante varios siglos se conocieron innumerables hechos aislados que actualmente se incluyen entre la información de la ciencia; y se inventaron y utilizaron muchos programas y máquinas simples que actualmente se consideran aplicaciones de principios fisiológicos. Incluso el hombre antiguo conocía algunos de ellos para su fantástico beneficio. Sin embargo, con una excepción importante que se ha dicho anteriormente, no ha habido, en el mundo primitivo, ningún cuerpo vinculado de conocimiento dentro de esta área que se pueda llamar correctamente científico. A este respecto la física discrepa perceptiblemente en matemáticas, o la historia natural, o la medicación, cada una de las cuales comenzó su sustento contemporáneo con un almacén de la comprensión científica que fue obtenida y lugar en orden antes del renacimiento. La causa de esta distinción debe ser vista en el simple hecho de que el avance de la física depende de casi en el paso uno, en la técnica de la experimentación como distinguido por el procedimiento de la supervisión. Por muchos motivos emocionales desconocidos, el reconocimiento de las posibilidades de la experimentación como instrumento intelectual y la capacidad de generar uso de su método parecen bastante tardíos en el trasfondo del perfeccionamiento humano.

Las tendencias modernas en la Historiografía de las matemáticas han contribuido a replantear muchas de las regiones básicas de los antecedentes de las matemáticas. Componer un fondo decente ha comenzado a necesitar una sensibilidad al material de la contribución humana de un físico y también a la situación cultural, institucional, y financiera en la cual se ha creado la donación. Esta publicación Historia de la Física intenta investigar esta complejidad a través de casos de composición de vanguardia en lo que se considera una región especialmente vibrante del estudio histórico. Al presentar una amplia diversidad de investigaciones en un solo volumen, proporciona un flavor de contribuciones técnicas que han tendido a dispersarse en libros y revistas poco accesibles para el lector.

CAPÍTULO UNO
HISTORIA DE LA FÍSICA

Los antecedentes de la física, aunque integraban elementos de esta agradable matemática y astronomía practicada desde los babilonios, indios, egipcios y zoroastrianos, en su mayor parte permanecían incrustados en el mundo sobrenatural de los dioses. No fue hasta el enfoque metodológico y teórico de los antiguos griegos que las matemáticas de su forma contemporánea parecían, basado en las matemáticas y los primeros principios en lugar de la superstición. Seleccionar los antecedentes de la física primitiva puede ser difícil, principalmente porque es muy difícil distinguirla de diferentes áreas como la astronomía, las matemáticas y la alquimia. La ciencia tuvo que dividirse en áreas reconocibles o incluso completamente diferentes de la teología y la doctrina, de modo que hubo cierto solapamiento en el trasfondo de la física en esta etapa.

Historia de la Física: El hijo de las matemáticas y la filosofía

La cultura griega, según los criterios históricos, era tremendamente estable, a pesar de las disputas entre las ciudades-estado de Atenas, Esparta y Tebas, entre otras. Este equilibrio y riqueza permitieron que florecieran las artes y la doctrina, y que poetas homéricos y dotados dramaturgos compartieran el mundo intelectual con algunos de los mejores filósofos que ha conocido el planeta. Desde las matemáticas teóricas, la verdadera astronomía y la compleja doctrina se extendió la física histórica, un esfuerzo por describir el mundo y descubrir la legislación que lo regía. Los primeros griegos pensaban que el mundo era compatible, ideal y estaba regulado por leyes gustosas y ejemplares, tal y como expusieron matemáticos como Pitágoras y Euclides.

Antes de Aristóteles: Atomismo y legislación orgánica

Tales fue el primer físico y sus ideas dieron título al tema. También pensó que el planeta, aunque formado por varias sustancias, en realidad estaba construido de un solo componente, el agua, también conocida como Física en griego antiguo. La interacción con el agua en las fases de sólido, gas y líquido confería a las sustancias diferentes posesiones. Esta es la primera excusa para sacar los sucesos naturales del reino de la providencia divina y llevarlos al dominio de las explicaciones y leyes puras. Anaximandro, famoso por su concepto protoevolucionista, rebatió los pensamientos de Tales y sugirió que, en lugar de agua simple, un material conocido como peirón había sido ese el bloque constructor de la materia. Con la ayuda de la retrospectiva contemporánea, podríamos decir que esta es otra sabia figura de Anaximandro y bastante parecida al pensamiento de que el hidrógeno sería el bloque constructor de la materia en nuestro mundo.

Heráclito (aproximadamente 500 a.C.) sugirió que la única ley básica que evaluaba el mundo era la principal de cambio y nada permanece exactamente en el mismo país para siempre. Este seguimiento le hizo entre los primeros eruditos de la física temprana para hacer frente a parte del tiempo en el mundo, entre las teorías más esenciales, incluso en la historia actual de las matemáticas. Entre los primeros físicos antiguos célebres ha sido Leucipo (siglo V a.C.), que se opuso rotundamente al concepto de intervención divina inmediata del mundo. Este filósofo sugería más bien que los fenómenos orgánicos tenían una causa pura.

Leucipo y su discípulo, Demócrito, produjeron el concepto nuclear inicial, afirmando que las cosas no podían dividirse indefinidamente y que finalmente se llegaría a trozos diferentes que no podrían cortarse. Estos se conocen como cancerígenos, por a-tom (no cortar). Sin embargo, este hito concreto en la historia de las matemáticas pudo quedar atrás casi dos milenios después. Este concepto llevó a los atomistas a sugerir que estas moléculas estaban reguladas por normas estrictas, en lugar de por la providencia divina. Esta eliminación del libre albedrío el espíritu de la física temprana era una opinión que produjo estos filósofos detestados por Platón.

Los errores de Aristóteles

Curiosamente, aunque Aristóteles es considerado el padre de las matemáticas, y definitivamente contribuyó en la historia de las matemáticas junto con su estrategia y empirismo que realmente obstaculizó el avance de las matemáticas durante varios milenios. También cometió el error fatal de suponer que el concepto matemático y el mundo orgánico no se solapaban, una muestra de su excesiva confianza en el empirismo. Aristóteles intentó describir nociones como el movimiento y la gravedad junto con su concepto de componentes, una adhesión a la física primitiva que también se propagó a la alquimia y la medicina.

Aristóteles creía ardientemente que toda la materia estaba compuesta por unas mezclas de cinco elementos, tierra, fuego, aire, agua y éter indetectable. También llevó esto más lejos al indicar que el reino de la tierra había sido rodeado por la atmósfera, seguida de cerca por los reinos de la pasión y el éter. Cada componente intentaba volver a su propio reino, por lo que una piedra caía al suelo porque esperaba volver a su componente particular. Las llamas subían porque deseaban volver al reino del fuego envolvente El humo, mezcla de fuego y aire, también subía hacia los cielos. El agua volvió a fluir porque el reino del agua se puso bajo el dominio de la tierra.

Esta noción, de esos reinos presentes en Círculos concéntricos definidos profesionalmente, junto con el éter abarcándolo todo, prevaleció durante décadas, formando la ciencia europea antes de la llegada de estos cerebros desde Galileo y Newton.

Hasta entonces, la participación de Aristóteles en la física primitiva siguió desorientando a los estudiosos posteriores.

Eureka junto a las estrellas

Arquímedes es famoso por su momento eureka, en el que descubrió los fundamentos de la densidad y la flotabilidad mientras disfrutaba de una bañera; sin embargo, sus contribuciones a los cimientos de las matemáticas fueron mucho más profundas. Sus inicios en la física han estado ligados a su presente de innovación, ya que utilizó principios teóricos y matemáticos para fabricar dispositivos que siguen vigentes hoy en día. Arquímedes calculó que la matemática subyacente de esta palanca y también desarrolló complejos sistemas de poleas para trasladar objetos enormes empleando un mínimo de trabajo. Aunque no inventó estos primeros aparatos, los mejoró y estableció principios que permitieron construir máquinas complejas. Además, desarrolló los fundamentos de las condiciones de equilibrio y los centros de gravedad, pensamientos que ayudarían a determinar a los eruditos musulmanes, Galileo y Newton.

Con el tiempo, su giro de Arquímedes para transferir fluidos sustenta la hidroingeniería moderna, junto con sus artífices de la guerra ayudaron a frenar a los ejércitos de Roma en la primera Guerra Púnica. Arquímedes incluso desgarró las discusiones de Aristóteles y también su metafísica, señalando que no había sido posible distinguir las matemáticas y la naturaleza también lo demostró convirtiendo los conceptos matemáticos en creaciones prácticas.

Hiparco (190 - 120 a.C.) se situó a caballo entre la astronomía y la física histórica, utilizando complejos métodos geométricos para cartografiar el movimiento de los planetas y las estrellas, e incluso calculando los momentos en que podían producirse eclipses solares. Para ello, incluyó cálculos del espacio de la Luna y el Sol en la Tierra, de acuerdo con sus propios desarrollos a las herramientas de observación utilizadas en aquel momento.

CAPÍTULO DOS
LA FÍSICA Y LA NUEVA CIENCIA

La mecánica del movimiento orgánico y de los proyectiles de Galileo

La primera curiosidad de Galileo fue la Mecánica, el uso de las matemáticas para las condiciones de equilibrio, la estática, y también para el movimiento, la cinemática y la dinámica, cuyo objetivo sería reducir esas áreas a la geometría, sin poderes ni propiedades ocultos. Esta curiosidad nunca le abandonó es el tema de muchos de sus mejores trabajos, y su propia forma de investigación para prácticamente todo. Lo que en Galileo se llama con frecuencia 'platonismo', su fascinación por las matemáticas y los estados idealizados, es en realidad la evaluación matemática subjetiva de los mecanismos, y también llegó a respetar todo lo que fueran mecanismos externos, todo lo que no estuviera sujeto a investigación matemática, todo lo que invocara desencadenantes ocultos, en lugar de hacerlo dentro de las limitaciones del carácter'. Su método mecánico de pensar era el suyo propio, era como funcionaba su cerebro, y lo aprendió de un par de matemáticos anteriores. Las personas de interés para él eran italianos del siglo XIX en la convención llamada geometría funcional, contemplando tanto la física pura y aplicada, la mecánica, y también lo esencial de las máquinas, tanto de los cuales el principal fue Niccolò Tartaglia.

Este antiguo alumno Giovanni Battista Benedetti (1530—1590), el excelente traductor de las matemáticas griegas Federico Commandino (1509—1575), junto con su alumno Guidobaldo del Monte (1545—1607), con quien Galileo mantuvo correspondencia. Uno de los temas de los mecanismos en los que creía Galileo, los principales son el "movimiento natural", el hábito de caída de los cuerpos, como en los planos inclinados, así como el movimiento de los proyectiles bajo una fuerza impresa. También consideró la inmunidad de los cuerpos fuertes a la rotura y la hidrostática de todos los cuerpos en movimiento, aunque nosotros nos centraremos más en los cuerpos que caen y los proyectiles. Sus escritos e investigaciones sobre estos temas se extienden durante un largo periodo, en la evaluación cualitativa de su antiguo tratado De motu, a lo largo de las investigaciones experimentales y teóricas enumeradas en sus notas de informe sobre el movimiento, ninguna de ellas impresa en vida, hasta el primer anuncio impreso de algunos de sus propios descubrimientos en el Diálogo sobre los dos grandes sistemas del mundo, junto con la exposición final absoluta de los discursos y demostraciones matemáticas sobre dos nuevas ciencias.

Los Principia de Newton

Desde el Prefacio a sus Principios Matemáticos de la Filosofía Natural (en adelante, Principia) Newton declara un nuevo y sorprendente objetivo para la filosofía orgánica y expresa su confianza en que el objetivo puede ser alcanzado. pronunciamientos como este muestran con frecuencia una comparación entre los objetivos de un científico específico, aunque astuto, y también el siguiente desarrollo histórico de este field. Sin embargo, esto no es realmente en la situación de Newton: La obra de Newton reorientó eficazmente la filosofía natural durante generaciones. Los Principia, que aparecieron en tres variantes diferentes (1687, 1713, 1726) clarificaron la idea de fuerza utilizada en el razonamiento físico sobre el movimiento, y reunieron pruebas de una única fuerza: la gravedad.

Ahora leemos que los Principia están dirigidos por el creciente reconocimiento por parte de Newton de diversos desafíos a la justificación probatoria sobre las fuerzas, junto con su avance de las herramientas necesarias para reaccionar ante esos desafíos. Las consecuencias matemáticas a las que llegó Newton proporcionaron un marco inicial con el que proseguir la tarea de detectar fuerzas y encontrar más pruebas a favor de la gravedad. Llamó la atención sobre el papel que desempeñaba la gravedad en una enorme variedad de fenómenos orgánicos ("los movimientos de los planetas, los cometas, la Luna y también el océano"). También dio un tratamiento exacto y cualitativo a fenómenos que habían sido objeto de especulaciones incipientes", como los efectos perturbadores de los planetas entre sí. Resolvió la fantástica cuestión cosmológica pendiente de la época: la validez de la hipótesis copernicana. También defendió que un Copernican—Keplerian cuentas de los movimientos planetarios, también reveló sobre la base de la gravedad internacional el Sol sí mismo va, aunque no mucho del centro frecuente de la gravedad del sistema solar. El efecto de la gravedad universal sobre el siguiente análisis de la mecánica celeste es difícil de sobre país. El concepto de gravedad de Newton sigue siendo una parte permanente de la mecánica celeste, aunque fue reforzado a partir del siglo XIX y ajustado con la teoría de la relatividad general de Einstein a partir del siglo XX".

IMPACTO

En los Principia Newton planeó establecer tanto que el poder de la gravedad suffices en cuenta para casi todos los movimientos celestes y también para varios sucesos terrestres, como presentar formas de razonamiento seguras en los sucesos de la filosofía orgánica. Anteriormente, diferenciamos tres medidas del argumento de la gravitación universal:" (1) los movimientos de los planetas, sus satélites y los cometas podrían explicarse bien por el poder de la gravedad, (2) el poder de la gravedad es más mundial, y (3) que la gravedad es una "fuerza básica". También distinguimos el nuevo medio de cuestión sugerido por Newton y sus motivos para llevarlo a ser excepcional al razonamiento favorecido por sus propios contemporáneos.

A juzgar por si Newton persuadió a sus contemporáneos sobre esos problemas, la primera variación de los Principia tuvo un éxito limitado en Inglaterra y un colapso casi total en el Continente. Halley compuso un précis amalgamado, decorado con toda la copia concedida a Jacobo II e impreso en las Philosophical Transactions. Flamsteed y Halley utilizaron eficazmente los pensamientos de Newton en estudios posteriores, pero muchos de los asociados de la Royal Society que aparentemente aprobaron las afirmaciones de los Principia fracasaron sin un control exhaustivo de esta publicación. Hooke acusó a Newton de plagio en cuanto a esta legislación del cuadrado inverso, pero carecía de la habilidad matemática para seguir en detalle la justificación de Newton. Sir Christopher Wren y John Wallis seguramente poseían el método; sin embargo, no existen registros de la evaluación ni indicios aparentes de su influencia. Cayó en una generación más joven de filósofos orgánicos para construir el trabajo de Newton -específicamente el matemático escocés David Gregory, junto con el dotado joven inglés Roger Cotes, que murió a la edad de 33 años, poco después de observar la siguiente edición. Cotes llevó a la segunda versión una exposición muy clara del argumento de Newton a favor de la gravitación universal -una respuesta polémica a los críticos continentales. Antes de la aparición de la siguiente variante, pocos o algunos filósofos naturales de Inglaterra además de Cotes, Flamsteed, Gregory, Halley, junto con John Keill podían comprender los principales objetivos de Newton y evaluar seriamente si los tenía.

En el Continente que los Principia fue, en consecuencia, leído junto a los Principia Philosophia de Descartes y descubrió a sufrir por contraste. Un influential antigua inspección francesa del cartesiano, Régis, propuso los Principia ha sido una donación a la mecánica o las matemáticas, pero no a las matemáticas:

El trabajo de M. Newton es un mecanismo, el mejor que se puede prever, ya que no es probable crear presentaciones más exactas o más precisas que las que proporciona de las dos primeras novelas. Pero hay que reconocer que no se pueden respetar estas presentaciones de otra manera que como mecánicas. ... Para generar un opus tan grandioso como pueda, M. Newton sólo tiene que proporcionarnos una Física tan exacta como su cordura.

La opinión de que un opus perfecto debe incorporar una explicación mecánica de la gravedad relativa a las acciones del teléfono ha sido ordinaria en los círculos cartesianos. El desacuerdo entre ambos Principia fue frecuentemente exprimido, como en el Elogium de Fontenelle (1730), como implicando dos informes hipotéticos rivales del movimiento celeste a ser valorados con respecto a su poder explicativo. En este contexto, el recurso a la fascinación sin mecanismo inherente ha sido considerado como un flaw esencial.

La negativa de los Principia ha sido una "física" supone que había sido conocido como no suministrar una cuentas causales de carácter. Aun así, proporcionó un marco influential para abordar muchas cuestiones diferentes en mecánica lógica, también tuvo un impacto directo en las actuales tradiciones de investigación en mecanismos. En París, por ejemplo, Varignon reconoció la significancia del logro de Newton e introdujo los Principia en la Academia de Ciencias de París. Obtuvo varios de los principales resultados de Newton utilizando un método matemático leibniziano a partir de 1700. La recepción inicial de los Principia, sin embargo, se concentró principalmente en los relatos sobre la gravedad y los movimientos planetarios.

Los críticos de la atracción newtoniana intentaron monetizar facetas del carácter planetario de este Princpia junto con en un concepto de vórtice. Leibniz sugirió un concepto de vórtice en 1689 que resulta en el movimiento a lo largo de órbitas elípticas que obedecen la regla de campo de Kepler. Independientemente de esta pretensión de descubrimiento por separado, los manuscritos descubiertos por Bertoloni Meli muestran que este concepto se diseñó como reacción a una lectura atenta de estos segmentos iniciales de la Novela 1. Dado que la imitación es la forma más sincera de flattery, los intentos de Leibniz significan su aprecio por el éxito de Newton. Sin embargo, Leibniz parece haber disfrutado sólo una parte de lo que Newton había realizado, en efecto estudiando los Principia como realmente cerca de este fir primer manuscrito De Motu en whined los resultados ya incluidos en DeMotu en el texto, pero tal vez no en otros lugares.

Las importantes consecuencias adicionales que Newton desarrolló para poder ver las cuestiones de los movimientos reales, como las desviaciones del movimiento kepleriano y el movimiento lunar, parecen haber escapado a la atención de Leibniz. Leibniz no reconoció la posibilidad de una evaluación empírica adicional del concepto basado en la fijación de las desviaciones del movimiento kepleriano y los variados cabos sueltos del Libro 3. Sin embargo, en términos de poder explicativo e inteligibilidad, Leibniz eligió definitivamente sus propios relatos como excepcionales a la atracción newtoniana. Además de evitar la atracción, Leibniz argumentó (en correspondencia de Huygens) que su concepto, a diferencia del de Newton, explicaría la realidad de que los planetas orbitan exactamente en la misma dirección y en el mismo plano.

La sólida oposición a la atracción llevó a los sabios tanto de París como de Basilea a crear bastantes conceptos de vórtice rivales, siguiendo el ejemplo de Leibniz. En concreto, Johann Bernoulli criticó la mayoría de las piezas matemáticas del libro segundo. Esto se restringió con la acertada crítica de Bernoulli de 1730 al remedio de Newton del par de torsión. A partir de la variante siguiente, Newton y Cotes impulsaron una objeción distinta y fuerte al concepto de vórtice, independiente de este remedio en la Novela 2: los conceptos de vórtice tenían grandes problemas para dar cuenta del movimiento de los cometas, en particular de los cometas retrógrados. El trabajo enérgico sobre las teorías de vórtice cayó a mediados de siglo a la luz de su trabajo de Clairaut, Euler, y muchos otros se explica a continuación.

Las posteriores observaciones cruciales de Leibniz sobre los Principia, después de la enconada cuestión de prioridad relativa al cálculo, se concentraron casi exclusivamente en la metafísica de Newton y su objetable dependencia de la acción a distancia. Todavía se tiende a considerar este problema como el elemento vital de la primera reacción crítica a estos Principia. Newton probablemente encontró este método de enmarcar el argumento, y sus respuestas a Leibniz ponen de relieve el poder de las preocupaciones filosóficas.

Sin embargo, había importantes críticas de los Antiguos sobre frases que Newton podría haber confesado: en concreto, en relación con el logro empírico en lugar de explicativo. A lo largo de la primera mitad del siglo XX, no era de ninguna manera una conclusión inevitable que el concepto de Newton fuera reivindicado empíricamente. Mientras que Huygens, al igual que Leibniz, consideraba "absurda" la acción a distancia, confesaba la fuerza del argumento de Newton para afirmar que la ley de inducción del cuadrado inverso regía el comportamiento de los cuerpos celestes. Pero se resistió a la generalización inductiva a la gravedad internacional junto con el concepto de filosofía pura como planificación para detectar las fuerzas fundamentales. Al igual que Leibniz, Huygens desarrolló un concepto de vórtice que puede dar cuenta de las potencias celestes inversamente cuadradas sin contribuir a una gravitación genuinamente universal. El debate de Huygens giró en torno a la revelación de que no ha sido necesaria ninguna figura fundamental para crear vórtices planetarios.

Sin embargo, lo más importante es que Huygens reconoció que existía un contraste cultural crucial entre la gravedad mundial y su concepto favorito de vórtice. Las investigaciones que Huygens había realizado con relojes direccionales para determinar la longitud en el mar parecían confirmar su concepto frente al de Newton. El concepto de Huygens suponía que las llamas se ralentizaban en el ecuador como resultado de los efectos centrífugos debidos únicamente al giro del planeta, aunque Newton incluía además una corrección como resultado de la fascinación recíproca de todas las partículas del interior de la Tierra. Esto derivó en una prolongada controversia sobre la forma del planeta. Las teorías de Newton y Huygens implicaban que la Tierra podría tener una forma oblonga, flattened en los palos a varios niveles; en comparación, los Cassini -una renombrada familia italiana de astrónomos del Observatorio de París- afirmaban que la Tierra tiene una forma oblonga.

La controversia puede zanjarse mediante dimensiones de péndulo muy separadas, lo más cerca posible del polo norte y también del ecuador. Se necesitó media hora para resolver la disputa a favor de Newton tras la publicación de sus resultados del viaje de Maupertuis a Laponia y el de La Condamine a lo que hoy es Perú. La publicación de Maupertuis sobre el tema apareció poco después de la defensa de Newton en un extenso libro de Voltaire, ayudado por Émilie du Châtelet, que más tarde publicó una traducción influential y un comentario colorido sobre los Principia, y ayudaron a cambiar la marea a favor de Newton es min Francia. Adam Smith, que seguía de cerca las mejoras francesas, consideraba que las' Observaciones del astrónomo sat Laponia y Perú habían confirmado completamente el sistema de Sir Isaac.

En 1739 no había ninguna Prueba igualmente decisiva a favor de la gravedad internacional en salir de la astronomía. Los astrónomos de toda la creación de Newton no tenían las herramientas matemáticas necesarias para crear mejoras considerables en la precisión de acuerdo con su concepto. En la siguiente versión de los Principia adelante, Newton indicó que la justificación de esta Gran Desigualdad de los movimientos de Júpiter y Saturno podría estar supeditada a su interacción mutua - que dio un estímulo para el trabajo más especializado para muchas generaciones de matemáticos. Dentro de la tradición predictiva, los Principia tuvieron el efecto inmediato más poderoso sobre la noción cometaria. Newton ha sido el primero en tratar los movimientos cometarios como gobernados por leyes, permitiendo predicciones del retorno.

Según los planteamientos de Newton, Halley publicó un informe sobre los componentes orbitales de veinticinco colecciones de observaciones cometarias, también afirmó que los cometas vistos en 1531, 1607 y 1682 eran rendimientos periódicos del mismo cometa exacto. Halley predijo que un retorno en 1758, sin embargo el período específico del rendimiento y la posición prevista de este come twereun particular. Junto con esta inexactitud y pequeña cantidad de observaciones utilizadas para determinar que la órbita, la conclusión de esta órbita fue excepcionalmente difficult debido a los efectos perturbadores de Júpiter y Saturno.

El tiempo que faltaba para el regreso del cometa apenas bastó para crear los métodos necesarios para calcular la órbita según la noción de Newton. Alexis-Claude Clairaut completó la primera pasarela numérica para hallar el perihelio del cometa Halley, un cálculo de enormes proporciones. Ya en noviembre de 1758, en una carrera para vencer al propio cometa", predijo también que el perihelio del cometa se produciría en apenas un mes, a mediados de abril de 1759. Se había descubierto que alcanzaría el perihelio el 13 de marzo. Clairaut sostenía que se trataba de una importante reivindicación de la gravitación newtoniana, aunque en la Academia de París se produjo un intenso debate sobre la veracidad de sus propios cálculos.

El cálculo de Clairaut de la órbita de este cometa se basó primero en la solución aproximada a la dificultad de los tres cuerpos que había descubierto una década antes. Clairaut y sus contemporáneos, entre los que destacan Leonhard Euler y Jean le Rond d'Alembert, innovaron el tratamiento cualitativo de Newton de este problema de los tres cuerpos (a partir de 1,66 y sus corolarios) utilizando técnicas analíticas para construir un crecimiento perturbativo. Estos enfoques analíticos dependían de bastantes invenciones matemáticas posteriores a los Principia, en particular la comprensión de las series trigonométricas, y no se sabe con certeza si los enfoques humanistas de Newton podrían haber dado lugar a algo parecido. Entre las limitaciones más llamativas de la moda matemática de estos Principia se encuentra el límite obvio a los actos de una variable independiente. En vida de Newton, Varignon, Hermann, junto con Johann Bernoulli habían comenzado a formular problemas newtonianos Concernientes al cálculo leibniziano. Euler, Clairaut, junto con d'Alembert dibujado con este trabajo, pero sin generación anterior se las arreglaron para crear mejoras significantes en varias cuestiones que Newton no había logrado tratar cuantitativamente.

En 1747, Euler impugnó la ley de inducción del cuadrado inverso debido a una anomalía derivada del movimiento de sus ápsides lunares. Newton indicó que este movimiento podía explicarse a partir del efecto perturbador del Sol, sin embargo una lectura atenta de estos Principia muestra que el impacto perturbador calculado era sólo la mitad del movimiento detectado. Euler era partidario del concepto de vórtice y utilizó el descubrimiento de la profecía para criticar la suposición de la atracción específica inversa al cuadrado. Clairaut y d'Alembert habían desarrollado antes, en 1746, métodos perturbativos para utilizarlos en el movimiento de los ápsides lunares. Ambos llegaron exactamente a la misma decisión que Euler (el concepto de Newton se alejaba de la mitad), también creían cambiar la ley del cuadrado inverso. Pero eso era innecesario; en 1748 Clairaut completó un análisis más cuidadoso y descubrió para su sorpresa que los términos que antes había considerado despreciables simplemente eliminaban el desempate. Aclamó este efecto como el suministro de la confirmación más crucial de esta ley inversa:

'. .cuanto más pienso en esta Feliz detección, más significativa me parece. .porque es muy seguro que es justo como este descubrimiento que se puede respetar la ley de fascinación recíprocamente proporcional a los cuadrados de sus distancias como sólidamente reconocida; y esto depende de todo el concepto de la astronomía'.

Los métodos desarrollados en la década de 1740 permitieron evaluar las consecuencias de la gravedad mundial para varias de las cuestiones abiertas en mecánica celeste. Newton indicó que las desigualdades observadas en el movimiento de Júpiter y Saturno podrían explicarse como resultado de su interacción gravitatoria. Sin embargo, los intentos de Flamsteed y Newton de resolver el problema cuantitativamente no fueron eficaces, y la Academia de París patrocinó tres ensayos consecutivos a partir de 1748 sobre las desigualdades. Clairaut y Alembert estaban trabajando en la dificultad de los tres cuerpos en ese momento, y funcionaban como miembros de su comisión de trofeos (y por lo tanto no eran elegibles para entrar). Los mejores competidores en esas competiciones—Euler, Daniel Bernoulli, junto con Roger Boscovich—produjeron contribuciones significativas a esta cuestión, pero un tratamiento completo sólo fue alcanzado por Laplace en 1785.

Las técnicas analíticas desarrolladas para tratar el problema de los tres cuerpos se aplicaron también a este sistema Tierra-Luna-Sol. Newton había sugerido (en Prop. 3.39) que la precesión de los equinoccios es el resultado de la atracción gravitatoria del Sol y la Luna sobre la protuberancia ecuatorial de la Tierra. A partir de la década de 1730 que el astrónomo real James Bradley encontró un impacto adicional conocido como nutación, y publicó sus primeros resultados de 1748. La nutación describe una pequeña variación de la precesión de los equinoccios, o bamboleos en el eje de rotación debidos al cambio de orientación de la órbita lunar respecto al abultamiento ecuatorial del planeta. Las observaciones de Bradley aportaron pruebas contundentes de sus efectos de la Luna sobre el movimiento del planeta, que se vieron casi instantáneamente aumentadas por la solución analítica de d'Alembert que describía la nutación. Este próspero recuento de la precesión y la nutación aportó pruebas para la ley del cuadrado inverso casi tan impresionantes como el cálculo de Clairaut.Pero junto con las invenciones de d'Alembert en el plan de aplicar el concepto sensorial a la cuestión había regalos significativos por derecho propio. Parafraseando a Laplace, la función de d'Alembert fue la de la semilla que podría fructificar más tarde en remedios de los mecanismos de los cuerpos rígidos.

A mediados de siglo, la gravitación universal estaba profundamente arraigada en la costumbre de la mecánica celeste. La fijación del sistema solar en un método de masas puntuales que interactúan mediante la gravitación newtoniana dio lugar a enormes mejoras en la comprensión de las facetas fisiológicas que intervienen en los movimientos observados. Estas mejoras tuvieron su origen, en parte, en el desarrollo de técnicas matemáticas más sólidas para poder estimar las consecuencias de la gravedad universal, como los escenarios que Newton fue incapaz de tratar cuantitativamente. Sólo porque es fácil violar la instancia empírica a favor de Newton en 1687, los lectores contemporáneos a menudo tratan erróneamente los Principia como si contuvieran toda la mecánica lógica moderna. Sin embargo, en realidad Newton ni siquiera toca en bastantes cuestiones de la mecánica que se discutió con sus contemporáneos, como el movimiento de los cuerpos rígidos, el movimiento de rotación, y el par. Varios componentes de la Novela 3, incluyendo las cuentas de las mareas, así como también la forma de que la Tierra, se flawed como resultado. No se trata de un simple descuido que pueda corregirse fácilmente. Extender y crear los pensamientos de Newton para cubrir dominios más amplios sigue siendo una lucha continua en la mecánica desde entonces.

Una línea de consideración significativa del desarrollo de la mecánica lógica fue el intento de asimilar y ampliar el pensamiento de los Principia. Sin embargo, los mecanismos racionales del siglo XVIII se basaron también en líneas de pensamiento adicionales y separadas. Pierre Varignon instó a una forma distinta de mecanismos en su Trabajo de una nueva mecánica, que apareció precisamente en la misma temporada desde los Principia. El trabajo de Newton se asimiló a una línea actual de estudio de los mecanismos, una convención que tenía un alcance mucho más amplio. Contemporáneos asombrosos de Newton sobre el continente - sobre todo Huygens, Leibniz, junto con Johann y Jacob Bernoulli - habían hecho contribuciones significativas a algunas cuestiones de larga data en la mecánica que Newton no habló. Estas cuestiones implicaban el comportamiento de cuerpos elásticos, rígidos y deformables en lugar de masas puntuales, junto con su terapia requería conceptos como presión, torsión y fuerzas de contacto.

A modo de ejemplo, Huygens, (1673) descubrió el centro de oscilación de la masa de un péndulo basándose en lo que Leibniz llamaría conservación de la vis viva. Jacob Bernoulli se ocupó de esta cuestión trabajando con la "regulación de la palanca" en oposición al principio de Huygens, y luego extendió estas ideas al análisis de los cuerpos elásticos a partir de la década de 1690. La línea de trabajo había sido completamente independiente de Newton, y Truesdell, (1968) afirma que el efecto de los pensamientos de Bernoulli fue casi tan significante como los propios Principia. Los asociados de la facultad de Basilea trataron los Principia como una lucha por revivir los efectos de Newton en sus propias disposiciones o por encontrar sus errores. Varias de las afirmaciones discutibles de la Novela 2 sirvieron de impulso a ciertos lugares de investigación. El tratamiento de Newton de esta efflux dificultad en la Proposición 2.36, por ejemplo, resistió parcialmente el crecimiento de la hidrodinámica de Daniel Bernoulli.

La rica interacción de esas ideas condujo finalmente a fórmulas de mecanismos como la Mechanica de Euler (1736), y también a su posterior periódico de 1752 en el que anunciaba un "Nuevo principio de los mecanismos". Este nuevo principio ha sido que el anuncio de que F=ma se aplica a los métodos mecánicos de una variedad de continua o discreta, tales como cuerpos escénicos y masas de finito alcance. Euler aplicó instantáneamente este principio al movimiento de los cuerpos rígidos. Hubo muchas creaciones en las fórmulas de Euler de los mecanismos, pero hacemos hincapié en esta regla como una advertencia a las personas aptas para ver que el trabajo de Euler y muchos otros de nuevo a Newton. Las ediciones de los Principia impresas en este momento, de los frailes mínimos Le Seur y Jacquier y de Marquise du Châtelet, introdujeron los Principia en términos eulerianos y revelaron la manera de reformular una serie de resultados de Newton utilizando el cálculo simbólico.

Sin embargo, a estas alturas, los Principia habían desaparecido casi por completo; no eran de lectura obligatoria para todos los que se dedicaban a la mecánica analítica, y también había formulaciones modernas mucho mejores de los principios inherentes a los mecanismos. La típica etiqueta "mecánica newtoniana" para esos tratamientos, aunque no del todo injustificada, deja de reconocer que las importantes invenciones conceptuales que se habían producido en el siglo XIX, así como el origen supremo de estas invenciones en la obra de Huygens, Leibniz y los Bernoullis.

CAPÍTULO TRES
CAUSA DE LA GRAVEDAD

Una de las cuestiones fundamentales de la doctrina del siglo XVIII era el carácter y la causa de la gravedad. Al discutir tales cosas debemos distinguir una de

a) el poder de la gravedad como causa verdadera (que puede calcularse como el producto de las masas dentro de la distancia al cuadrado);

p) el medio, en su caso, en el que se ha transmitido.

Muchos debates sobre Newton conflatan esas cosas. Obviamente, si el moderado puede describir todas las cualidades de la gravedad, entonces es legítimo conflate esos.

Una línea de pensamiento popularizada por Newton en el Escolio General de los Principia es afirmar simplemente que "basta con que la gravedad exista realmente y actúe de acuerdo con la legislación que hemos establecido", aunque permaneciendo atractivamente agnóstico respecto a las causas que pueden describirla. Con este punto de vista un individuo puede tomar la verdad de la gravedad a falta de una justificación de esto. La significancia del hecho de que la investigación futura podría basarse en su presencia sin preocuparse siquiera de cosas ajenas a la investigación continua comparativamente autónoma. Aunque Newton no fue el primero en escudar esta actitud hacia la pregunta (se hace eco de su postura anterior en la controversia dentro de su estudio óptico, también a lo largo de la década de 1660 los miembros de la Royal Society habían investigado y matemáticamente las reglas de choque utilizando una posición similar), la suya tuvo el impacto más duradero.

En su célebre correspondencia con Leibniz (1715—16), Clarke sostiene algo muy parecido a lo que sostiene Newton, aunque el debate de Clarke indica a veces una postura más instrumentalista, en la que la gravedad se supone como una forma de controlar y prever las consecuencias, concretamente el movimiento relativo de las figuras. En su trabajo de revisión, Berkeley elaboró esta reinterpretación instrumentalista de Newton. Para Berkeley (y después para Hume), la ciencia matemática de Newton no puede asignar desencadenantes—ésa es la tarea del metafísico. Sin embargo, la mayoría de los suscriptores de Newton en el siglo XVIII no sólo aceptaban la gravedad por una fuerza causalmente real, sino que estaban dispuestos a divergir sorprendentemente en cuanto a sus desencadenantes. Esto era lo esperado por Newton, que en la primera versión de los Principia registró al menos tres mecanismos potenciales diferentes que darían cuenta de la fascinación.

La "actividad de los estilos de vida" atraídos hacia otro" puede implicar acciones a distancia. Varios de los primeros suscriptores de Principia creían que Newton se dedicaba a actuar a distancia siguiendo el modelo de la simpatía estoica (ya que Leibniz lo sostenía desdeñosamente) o sobre la gravedad innata epicúrea (ya que Bentley lo sugería en cartas hoy perdidas a Newton). Las opciones de simpatía estoica y gravedad epicúrea que interpretan la atracción como resultado de la esencia de los cuerpos se mueven en contra de la perspectiva anteriormente dominante de la mecánica, que simplemente permitía el contacto de los cuerpos como mecanismo adecuado.

Hay pruebas del siglo XVIII para tres cuentas de este origen de la gravedad compatible con el primer sentido de Newton. Para empezar, en el prefacio de su editor a los Principia, Roger Cotes afirmó que la gravedad ha sido una cualidad principal de la cosa y la puso al mismo nivel que la impenetrabilidad junto con otras posesiones frecuentemente consideradas cualidades cruciales. Pero en la siguiente variante Newton dejó claro que no adoptaba esta postura, afirmando que de ninguna manera affirma que la gravedad sea más vital para la vida. Además, en famosas respuestas a las cartas de Bentley, Newton negó descaradamente que la "gravedad innata" fuera parte integrante e inherente de la cuestión. Pero la interpretación de Cotes llegó a ser muy influente, y ha sido adoptada por Immanuel Kant, entre muchos otros.

Otra se ha modelado sobre la tesis de la adición magnífica de Locke es decir, Dios puede añadir atributos parecidos a la mente a la cuestión diferentemente pasiva. Mientras que la gravedad no es una cualidad importante de la cosa, es definitivamente en la capacidad de Dios para dotar a la cuestión con atributos cerebrales en el desarrollo. Esta interpretación fue apoyada por Newton en su comercio por Bentley, y había sido consumido por varios de los conferenciantes Boyle que adquirió la teología física del siglo XVIII. Se hizo famosa en el mundo francófono por una nota a pie de página insertada por el traductor francés del Ensayo de Locke.

Una tercera vía ha sido propuesta por el propio Newton en su póstumamente publicado 'Tratado del Sistema del Mundo'. Curiosamente, Newton llamó la atención sobre la aparición de la famosa y suprimida exposición de sus puntos de vista en el breve prefacio de esta tercera Novela en las 3 variantes de los Principia, sin embargo, no se sabe con certeza si participó en la organización de su publicación anual tras su fallecimiento. Desde el 'Tratado', Newton ofrece un relato relacional de la actividad a distancia. En la perspectiva que allí se introduce, la mayoría de los cuerpos poseen una inclinación a gravitar, sin embargo, se desencadena sólo en virtud de su obtención de esta naturaleza frecuente. Aunque hay pruebas de que el "Tratado" todavía se leía en el siglo XX, parece que la perspectiva relacional no era muy común. No obstante, es compatible con la posición adoptada por D'Alembert del Discurso leído al describir el logro de Newton: 'la materia podría tener propiedades que no adivinábamos'.

Algunas personas atribuyeron a Newton la opinión de que creía que la gravitación dependía de la voluntad directa de Dios. Esta posición había sido imputado a él Fatio de Duillier, así como, posiblemente, más impugnada, por David Gregory (ambos de los cuales fueron considerados como posibles editores para obtener una nueva versión de los Principia propuesto a partir de la década de 1690), que había sido tanto en su grupo en particular a partir de los primeros años siguientes a la publicación de esta primera versión de los Principia. La situación es definitivamente coherente con el sentido anterior de Newton sobre (suponiendo que Dios es insignificante), y usted encontrará diferentes pasajes en los escritos de Newton que parecen compatibles con ella. Por ejemplo, en una carta a Bentley, Newton escribe: "La gravedad debe ser producida por un agente que actúa constantemente de acuerdo con ciertas regulaciones; sin embargo, si este agente es material o inmaterial lo he dejado al pensamiento de mi lector".

Pero atribuir el origen de la Gravedad a la voluntad guía de Dios parece en desacuerdo con un pasaje bastante famoso del General Scholium, en el que Newton ilumina exactamente lo que quiere decir con la omnipresencia grande y digital de Dios: "Él [Dios] todos los asuntos están incluidos y proceden, pero no actúa sobre ellos ellos sobre él. Dios no encuentra nada en el movimiento de los cuerpos; sus cuerpos no sienten ninguna inmunidad en la omnipresencia de Dios. No importa lo que Newton signifique al afirmar la omnipresencia grande y digital de Dios que dice claramente que la existencia de Dios no interfiere en los movimientos de los cuerpos ni proporcionándoles inmunidad ni impulsándolos. Ya que David Hume mencionó acertadamente:

No fue la importancia de Sir Isaac Newton robar segundas causas de toda fuerza o poder, aunque un número de seguidores se han esforzado por establecer esa teoría sobre su habilidad".

En última instancia, los conceptos de éter fueron bastante populares a lo largo del siglo XX. A veces se habían propuesto en resistencia a la acción newtoniana a distancia (a modo de ejemplo, de Euler). Pero queremos señalar dos razones: en primer lugar, los conceptos de éter tenían precedentes newtonianos: Newton expuso tentativamente las cuentas del éter en el párrafo final de este General Scholium y en una famosa carta a Boyle probada para los espectadores del siglo XVIII. Las insinuaciones de Newton no eran precisamente idénticas: en su propia carta a Boyle imaginaba el éter como un fluido compresible; en diferentes Queries into the Opticks, destaca las diversas densidades de este éter sobre y entre los cuerpos celestes, y también especula sobre el requisito de fuerzas macabras de corto alcance dentro del éter. En segundo lugar, así, las teorías del éter casi siempre consisten en actividad a distancia dentro de rangos relativamente cortos. El problema general con los conceptos del éter es que necesitan que los éteres posean una masa despreciable, lo que los hace muy difíciles de descubrir, y que al mismo tiempo sean capaces de una fuerza y rigidez fantásticas para poder transmitir la luz tan rápido como Rømer había calculado. Pero Newton ciertamente no descartó un éter intrascendente formado por espíritus de algún tipo.

CAPÍTULO CUATRO

MATEMÁTICAS Y NUEVAS CIENCIAS

Revoluciones matemáticas en el largo siglo XVII

Hace un par de décadas era habitual definir las décadas comprendidas entre la publicación del De Revolutionibus de Copérnico en 1543 y de los Principia de Newton en 1687 como el periodo de esta "Revolución científica". Por otra parte, últimamente se ha criticado la opinión según la cual entre mediados del siglo XVI y finales del XVII se produjo una transformación radical y un salto trascendental debido a la actuación de un par de gigantes. Incluso el historiador de las matemáticas, sin embargo, se resiste a dejar este punto de vista por completo, ya que es realmente cierto que en los últimos años en cuestión que las ciencias matemáticas no cambios tan profundos - en términos de la extensión y la estrategia - para merecer ser conocido radical.

El debut del álgebra simbólica a finales del Renacimiento, de la geometría analítica junto con las funciones de Fermat y Descartes -entre muchos otros- a partir de los primeros años del siglo XVII, luego el descubrimiento de este cálculo en la época de Newton y Leibniz permitieron la matematización de sucesos que se veían demasiado fuera del alcance del tratamiento matemático desde la creación de los filósofos puros antes de

Galileo. Para dar una medida del cambio basta pensar en el hecho de que desde finales del siglo XIX entre los consejeros de Galileo y entre los principales promotores de este método matemático de la naturaleza (como el enfoque sobre la caída de los cuerpos y la percusión), Guidobaldo dal Monte (1545—1607), razonaba que el movimiento de los cuerpos había estado sujeto a numerosas irregularidades para que esto se considerara como el estado de la ciencia, mientras que en los primeros años del siglo XIX los matemáticos con experiencia en los métodos del cálculo matematizaban -entre otras cosas- el movimiento de los proyectiles en las redes sociales, el flujo y reflujo de todas las mareas, la forma de los planetas, la flexión de las vigas, junto con el movimiento de los fluidos. El presente capítulo está dedicado a este trascendental avance -o revolución, incluso si queremos llamarlo así- y a los actores responsables del mismo.

La revolución numérica en la doctrina de la Naturaleza también suscita muchas críticas e inmunidad. En realidad, muchos descubrieron que las nuevas técnicas matemáticas eran poco rigurosas y se mostraron escépticos sobre el potencial de aplicación de los resultados obtenidos por los matemáticos a los fenómenos normales. Los matemáticos fueron objeto de críticas por parte de los experimentalistas, que afirmaban que los sucesos naturales, con toda su sofisticación, apenas podían someterse a regulaciones. Aquellos que aquí recuerdo son líderes tan eliminados en el tiempo y variados en sus planteamientos como Francis Bacon, que retrató el carácter por una silva resistiendo a la geometrización, Robert Boyle, que inculca la doctrina experimental por encima de la doctrina completamente natural matematizada, junto con Alessandro Volta, que tuvo una mala noción del logro de Charles Augustin Coulomb al detectar una ley del cuadrado inverso para los fenómenos eléctricos y magnéticos.

Como encontraremos, al vencer esas críticas que los promotores de su uso de las matemáticas tuvieron un profundo efecto en áreas como la física, la astronomía, la cosmología y la bondad: cambiaron los métodos utilizados en estas áreas y su propia naturaleza, haciendo que sus resultados fueran casi inaccesibles tanto para los profanos. Participantes con distintas historias intelectuales y cualificaciones académicas y sociales condujeron al procedimiento: profesores de matemáticas empleados en ciencias, humanistas matemáticos ocupados en magistraturas principescas, ingenieros, astrónomos, así como constructores de instrumentos. Antes de profundizar en los entresijos de esta influencia recíproca entre las matemáticas y la ciencia que surgió, en la que las nuevas empresas científicas fomentaron el crecimiento de nuevas técnicas matemáticas y las mejoras matemáticas allanaron entonces el camino para el estudio científico fresco, valdrá la pena analizar el uso de los matemáticos de finales del siglo XVI.

La posición de las ciencias matemáticas a finales del Renacimiento

Desde el libro de Alexandre Koyré funciones de diseño se ha convertido en un lugar común para tener en cuenta que la matematización de carácter' que un aspecto importante en la progresión de las ciencias incluyendo la mecánica, la astronomía, y la bondad, hat ocurrido en el intervalo en consideración dentro de este capítulo - una variable clave tan crítico como el flip hacia la experimentación elogiado en la obra de Francis Bacon. Verdaderamente, las matemáticas y los matemáticos gozaron de un prestigio e interés renovados en la siguiente mitad del siglo pasado. Aunque Koyré ha atribuido la creciente posición de sus ciencias matemáticas a finales del Renacimiento a alguna catástrofe en la doctrina aristotélica y a un cambio concomitante hacia el neoplatonismo, Richard Westfall ha insinuado que la importancia económica de la tecnología, incluyendo la balística, las fortificaciones y la gestión del agua, la navegación y la cartografía, desencadenó el estudio matemático y proporcionó a los matemáticos nuevas tareas y oportunidades.

Cuando nos centramos en primer lugar en las facultades, las personas y las matemáticas se educaron en el marco de un programa medieval basado en la subordinación aristotélica de sus ciencias a la filosofía natural. Entre las principales actividades de la filosofía pura se suponía que averiguar la raíz del cambio: Por ejemplo, las personas de movimiento local. Debemos recordar que las ideas de cambio y causa en la doctrina aristotélica poseían un espectro organizativo mucho más amplio en comparación con las definidas a partir de pioneros del siglo XVII como Descartes, quien disminuyó la mayor parte del cambio al movimiento local de las partículas, traducido también cambio de movimiento debido a influencias localizadas entre corpúsculos. Lo que es relevante para nosotros es el discurso en el que la filosofía aristotélica toda natural no era matemática sino plausible: al discurso del filósofo puro se fundaba en silogismos. Según Aristóteles, son los razonamientos silogísticos y no las matemáticas los que muestran las causas del cambio de carácter.

No hay mejor caso para ejemplificar el estatus inferior de las matemáticas en comparación con la filosofía natural que la conexión presente entre cosmología y astronomía basada en numerosos aristotélicos. Se creía que la astronomía formaba parte de estas ciencias matemáticas llamadas 'combinadas', junto con la armónica, la mecánica, la óptica, etc. Incluso las materias matemáticas 'puras' eran, claramente, la aritmética y la geometría -sólo dos áreas obviamente diferentes, una que trataba con distintas multitudes, otra con magnitudes constantes. De acuerdo con los aristotélicos, la astronomía como ciencia no podía—ni debía—confundirse con la cosmología, parte de la filosofía natural. En su opinión, el empeño de la astronomía consistía en pronosticar las áreas de los cuerpos celestes mediante el uso de modelos matemáticos. La astronomía no explicaba los cielos ni aclaraba las causas de los movimientos celestes. Así, fue pensada como una ciencia matemática combinada, utilizando un estatus inferior al de las ciencias filosóficas como la cosmología. Es esa subordinación de la astronomía la que ha sido puesta en duda por Copérnico, que afirmaba que eran las matemáticas las que demostraban la auténtica construcción del sistema.

El sistema heliocéntrico, afirmaba Copérnico, podía aclararse mediante un modelo matemático que es excepcional a este geocéntrico debido básicamente a que los parámetros de las órbitas planetarias están interrelacionados desde el sistema heliocéntrico, mientras que en el sistema geocéntrico cada planeta se maneja individualmente. La excelencia matemática del modelo heliocéntrico ha sido considerada como un indicio de su propia verdad. Es indiscutible que, como ha subrayado Thomas Kuhn, Copérnico y la pareja de copernicanos ocupados en la segunda mitad del siglo XIX se veían a sí mismos como restauradores de un lugar platónico que asigna a las matemáticas una función impensable para los aristotélicos. Realmente, contra Aristóteles, los antiguos copernicanos creían , ya que Platón había instruido, que el carácter era básicamente matemático en la construcción - por lo tanto la capacidad de las matemáticas para mostrar el verdadero carácter de este sistema planetario, incluso si esto conflicts con la física aprobada y la creencia común. La discusión sobre la posición de las ciencias matemáticas estaba estrechamente relacionada con la recepción controvertida de este sistema planetario heliocéntrico.

La discusión antes mencionada estalló en otra Circunstancia en 1547, después de que el libro de Alessandro Piccolomini (1508—1579) comentario sobre Problemata Mechanica de pseudo-Aristóteles, un texto dedicado a las llamadas "máquinas directas" (a veces registrados como la palanca, y el equilibrio más, plano inclinado, cuña, polea, junto con el giro, que trajo el interés de los académicos de las matemáticas, además de los ingenieros). De hecho, Problemata Mechanica jugó un papel importante en la reactivación del interés en el uso de las matemáticas a la mecánica, sin embargo, Piccolomini, como otros filósofos aristotélicos en comparación con el creciente estatus de las matemáticas. En su opinión, afirmaba que las matemáticas no tenían la inocencia deductiva de la lógica silogística y no eran una ciencia, ya que no revelaban conexiones causales. Piccolomini, Benito Pereira (1535—1610) y muchos otros entraron en esta acalorada guerra de las ciencias subrayando frecuentemente que el hecho de que las presentaciones matemáticas vinculan premisas y efectos de maneras que no son únicas, pues generalmente se dispone de más de 1 demostración para el teorema idéntico y de más de 1 estructura para exactamente la cuestión idéntica.

Además, las construcciones geométricas se completan desplegando figuras mortales que no pertenecen a las figuras cuyas posesiones se analizan. La arbitrariedad en las definiciones, la pluralidad de técnicas, junto con las figuras auxiliares y los lemas describen la formación matemática—una señal definitiva, para los aristotélicos, de su reducida posición científica de las matemáticas en comparación con la filosofía convencional, un campo que más bien revela conexiones causales únicas al centrarse en las propiedades fundamentales de estos elementos analizados. Por lo general, los jesuitas, por ejemplo Christoph Clavius (1538-1612), que habían dado un lugar de honor a las matemáticas en su revolucionaria ratio studiorum, defendieron la posición científica de las matemáticas. No es de extrañar que esta discusión educativa sobre la posición de las matemáticas se produjera en un momento en el que el copernicanismo y el auge de las filosofías neoplatónicas ponían en peligro la subalternatio aristotélica de las matemáticas en la filosofía natural. Sin embargo, los académicos de doctrina bien pagados de la Universidad de Pisa en la década de 1580 -los académicos de doctrina recibían una remuneración varias veces superior a la de los profesores de matemáticas- necesitaban preocuparse por dos aspectos adicionales que elevaban las matemáticas por encima del estatus que se le había asignado desde el programa aristotélico: la maduración de tendencias nuevas e ingenieriles en el humanismo matemático.

Los matemáticos no sólo trabajaban en las universidades. Tenemos que dirigir nuestra mirada hacia los astilleros, los arsenales, los campos de batalla y también las orillas de los canales y ríos, y los caminos de los constructores de instrumentos y cartógrafos cuando queremos encontrar rastros de estos desarrollos intrigantes que estaban ocurriendo en el lapso de increíbles invenciones en la ciencia de la guerra, la regimentación de los ríos, los ríos, así como los viajes de larga distancia por mar y tierra. Ingenieros y polímatas como el holandés Simon Stevin (1548/49—1620), el alemán Benedetto Castelli (1578—1643), el portugués Pedro Nuñez (1502—1578), junto con el también inglés Thomas Digges (1546—1595) descubrieron el mecenazgo chiefly más allá de las universidades. Las matemáticas que practicaban cumplían otra función que la de su sujeto educado en las universidades. Sus métodos han sido elogiados por su eficacia, no por su rigor ni siquiera por sus méritos científicos.

La segunda mitad del siglo XVI fue el periodo en el que la filología humanista alumbró traducciones críticas y variaciones de textos de la tradición original. De especial relevancia es el trabajo de Federico Commandino (1509—1575), humanista, asesor médico y matemático que estuvo ocupado en Urbino (Italia) al apoyo de su duque y en Roma como médico privado de algún cardenal. Commandino creó variantes comentadas de un gran número de funciones de Apolonio, Arquímedes, Euclides y otros autores clásicos. Son relevantes aquí su comentario de la obra de Arquímedes sobre los cuerpos en rotación (1565), que mejoraba la variante anterior de Tartaglia (1543), su primer trabajo sobre los centros de gravedad (1565) y sus propias variaciones del Spiritalium liber (Neumática) de Herón (1575) y las Mathematicae Collectiones de Pappus.

La consecuencia del trabajo filológico fue el descubrimiento de las matemáticas griegas combinadas en los campos de la estática y el equilibrio fluido. En contra de Aristóteles, los trabajos de Arquímedes junto con también la recopilación de la investigación griega en "mecanismos racionales" presentada en la octava publicación de la Collectio de Pappus (dedicada en gran parte a los resultados de Filón de Bizancio y Herón) que dal Monte atrajo para publicar tras la marcha de Commandino, revelaron que las matemáticas podían aplicarse al carácter, al menos en ciertos casos bien definidos de equilibrio estático. Las cuestiones tratadas con esta convención arquimediana eran el equilibrio en máquinas simples también de cuerpos (formados, por ejemplo, como paraboloides de revolución) a un fluido. Dentro de esta circunstancia era esencial averiguar el centro de gravedad de los sólidos. Galileo se introdujo en la tradición arquimediana cultivada en Urbino—una convención que abría nuevas perspectivas más allá del canon aristotélico de las ciencias matemáticas combinadas—de la mano de su profesor de matemáticas Ostilio y de uno de los alumnos más talentosos de Commadino, Guidobaldo dal Monte, el escritor del tratado más exhaustivo y autorizado sobre el concepto de máquinas simples, Mechanicorum Liber (1577).

Guidobaldo mejoró aún más la convención arquimediana publicando dos funciones: At Duos Archimedis Aequeponderantium Libros Paraphrasis (1588), que Galileo obtuvo como regalo, y también De Cochlea Libri Quatuor (1615). Hacia 1590, Galileo y dal Monte completaron una prueba conjunta sobre el movimiento de proyectiles lanzando una bola manchada de tinta dentro de un plano inclinado. Guidobaldo razonó que la trayectoria descrita por el trozo rodando por el plano era de una serie suspendida, "como una parábola o una hipérbola". El movimiento quizá no era tan matemáticamente intratable como él había creído hasta entonces.

CAPÍTULO CINCO

FÍSICA Y COSMOLOGÍA

Aunque la cosmología es bastante antigua, data de las sociedades preliterarias, incluso a nivel científico se considera que es una rama relativamente reciente de la comprensión. La cosmología física -entendida como el análisis del mundo que no se basa sólo en observaciones sensoriales, sino también en leyes y técnicas físicas- es mucho más joven, también se remonta sobre todo al siglo XX." Mientras que los físicos de ahora podrían pensar que la cosmología apela a las matemáticas, en una primera visión esta no es la situación. Desde el análisis del mundo en general ha evolucionado a lo largo del siglo anterior, ha sido un tema cultivado en gran medida por los astrónomos, físicos y matemáticos - y también no se debe olvidar que los filósofos. Aunque las cuestiones filosóficas y sociológicas relacionadas con el mundo no pueden despreciarse ni separarse de las facetas científicas, el siguiente resumen se centra en el trabajo realizado por los físicos para transformar la cosmología en un campo de estudio estrechamente basado en la comprensión física básica.

La cosmología del siglo XX dista mucho de haber mejorado fácil o linealmente, sin embargo, a pesar de varios errores y callejones sin salida, ha mejorado notablemente. Está claro que los físicos disfrutan desentrañando algunos de los secretos más significativos de este mundo. La cosmología se ha convertido en una auténtica ciencia en el sentido de que las nociones no sólo se desarrollan, sino que también se analizan en el laboratorio", afirmaron dos astrofísicos estadounidenses en 1988. Eso puede estar muy lejos de épocas anteriores en las que proliferaban las teorías cosmológicas y apenas había soluciones para confirmar o refutar algunas de ellas, aparte de su atractivo estético". Puede ser, pero ¿cómo se ha llegado a esto?

El crecimiento de la astrofísica

La cosmología fisiológica del siglo XX se basó en los métodos y conocimientos de la astrofísica, un nuevo campo de investigación interdisciplinar que surgió en el siglo pasado y que también contribuyó en gran medida a modificar la definición real de la astronomía. Todavía en la primera parte del siglo XX la astronomía se concebía como una ciencia estrictamente observacional que utilizaba procedimientos matemáticos, y mucho menos parte de las ciencias fisiológicas. Según la comprensión estándar de la astronomía, "astrofísica" era un término erróneo y "astroquímica" aún más. Esto cambió radicalmente tras la aparición de la espectroscopia, que en sus inicios en la década de 1860 se utilizó como procedimiento para obtener información sobre el estado físico y la composición química del Sol y otros cuerpos celestes.

El efecto Doppler se verificó en breve para las ondas sonoras, mientras que su propia legitimidad para las leves siguió siendo controvertida durante muchas décadas. En 1868, el astrónomo británico William Huggins, líder de la astrospectroscopia, declaró que había descubierto un pequeño cambio en la longitud de onda de la luz de Sirio, que él consideraba un indicio de que la estrella se alejaba de la Tierra. Pasaron otros veinte años antes de que el efecto óptico Doppler quedara firmemente demostrado para una figura astronómica, si el astrónomo alemán Hermann Vogel analizaba el giro del Sol.

El debut de la espectroscopia, dependiente de la invención seminal del espectroscopio del físico de Heidelberg Gustav

Robert Kirchhoff junto con su colega químico Wilhelm Robert Bunsen, basó eficazmente el estudio químico y físico de estas celebridades. Junto con la nueva estrategia es factible identificar los componentes químicos en las atmósferas estelares y también clasificar las estrellas según su temperatura superficial. La astrospectroscopia también ha contribuido a descubrir nuevos componentes desconocidos para los químicos, como el helio, el nebulium y el archonio. De esos componentes desconocidos, determinados a partir de trazas espectrales no identificadas de los cielos, sólo el helio resultó ser real. La presencia de helio en la atmósfera del Sol fue señalada por el astrónomo británico Norman Lockyer aproximadamente en 1870, 25 décadas después de que su compatriota, el químico William Ramsay, descubriera este componente en los recursos terrestres. El helio demostraría ser importante para la cosmología, sin embargo en aquella época no era más que una fascinación, un gas inerte que se suponía bastante infrecuente y de atractivo científico e industrial.

La astroquímica que surgió De la época victoriana surgieron nuevas y apasionantes cuestiones, como la posibilidad de que los átomos fueran complicados y existieran potencialmente en formas mucho más diferentes en las celebridades. Lockyer y algunos otros científicos se atrevieron a ampliar el punto de vista de la astrospectroscopia hasta lo que podría conocerse como "cosmospectroscopia". A modo de ejemplo, en un discurso pronunciado en 1886 ante la asamblea de la Asociación Británica para el Avance de la Ciencia, William Crookes teorizó que los componentes no habían existido siempre, sino que se habían formado en el cosmos hace en condiciones muy distintas a las conocidas hoy en día. Supuso que toda la materia se había formado durante procesos de "darwinismo inorgánico" y que había estado inicialmente en "una condición ultragaseosa, a una temperatura inconcebiblemente más cálida que cualquier cosa presente actualmente en el universo observable". Según Crookes, la materia no había existido desde siempre, sino que se había convertido en un pasado remoto:

Empecemos en el instante en que surgió la primera parte. Antes de ese momento, la cosa, tal como la entendemos, no existía. Es igualmente imposible concebir la cosa con vitalidad, como la Energía sin... Coincidiendo con la invención de los átomos esas Propiedades y atributos que forman la manera de discriminar un elemento compuesto de otro diferente empezaron a existir completamente dotados de electricidad.

Las especulaciones cósmicas de este tipo de las que hacían gala Lockyer y Crookes no eran más que uno de los factores de esta nueva astrofísica; otro era el análisis del calor y su aplicación a la investigación. La investigación del espectro tenía su historia en las investigaciones básicas de Kirchhoff sobre lo que él denominó radiación de cuerpo negro, cuyo análisis pudo contribuir finalmente al concepto de cuantización de la potencia. Antes de la ley de Max Planck sobre la radiación del cuerpo negro, se aplicó la física de la radiación térmica para estimar la superficie del Sol. En 1895, el físico alemán Friedrich Paschen utilizó las dimensiones de la constante solar y la ley de desplazamiento de Wien para determinar las temperaturas del Sol hasta aproximadamente 5.000° C, incluso bastante cerca de su valor contemporáneo. Como los científicos alrededor de

1900 no podían prever la próxima importancia del helio de la cosmología, por lo tanto, no fueron capaces de prever lo importante que la legislación de la radiación del cuerpo negro podría haber sido en después de la investigación cosmológica.

Cosmología física La relatividad por delante

A pesar de que los astrónomos tomaron pequeña Fascinación con cuestiones cosmológicas de la siguiente mitad del siglo XIX, los físicos, filósofos, junto con los cosmólogos aficionados discutido estos términos sobre la base de las leyes básicas de las matemáticas, que en el momento supuso la ley de Newton de la gravitación y las 2 leyes de la termodinámica. Desde muy pronto se reconoció que la segunda ley de la termodinámica, que expresa una tendencia mundial al equilibrio en cualquier sistema cerrado, podía tener profundos efectos cosmológicos. En realidad, Rudolf Clausius, el inventor de la idea de entropía, ideó la segunda ley porque "la entropía de la Tierra tiende hacia un máximo" (subrayado mío). En caso de que la entropía del mundo siga aumentando hacia algún valor máximo, podría parecer sugerir que, a largo plazo, el mundo no sólo estaría muerto, sino que carecería de construcciones y negocios. Si esta nación hubiera sucedido, el mundo permanecería en ella . Este es el pronóstico de la "muerte por calor", dicho explícitamente por primera vez por Hermannvon Helmholtz en una conferencia de 1854 y discutido después por muchos científicos y filósofos. La versión de Clausius de 1868 es la siguiente:

Cuanto más se acerque el mundo a este estado límite en el que la entropía es máxima, más disminuirán los sucesos de alteración adicional; y suponiendo que la enfermedad se alcance por completo, ya no podrá producirse ningún cambio adicional, y el mundo se encontrará en un estado de paso inmutable.

Clausius señaló además que La siguiente ley contradecía la idea de un mundo cíclico, la creencia popular de que "siempre se repiten las mismas condiciones, también a muy largo plazo la nación de la tierra permanece invariable".

La situación de la muerte por calor no sólo era controvertida, puesto que ponía fin a toda existencia y acción en el mundo, sino también porque en ocasiones se utilizaba como argumento para conseguir un mundo de era finita; esto es, un comienzo cósmico (que con frecuencia se consideraba como una producción). Puesto que, por lo tanto las discusiones van, cuando el mundo había existido dentro de una infinidad de período, también la entropía había mejorado constantemente, la muerte cálida habría sucedido ya; porque el mundo ha sido manifiestamente no en una condición de máxima entropía, podría suceder por sólo un período de tiempo finito. El "debate de la creación entrópica", sugerido y discutido por científicos cristianos en particular, fue polémico debido a su institución a las nociones espirituales de un mundo establecido divinamente.6 Había sido seriamente criticado por filósofos y científicos (como Ernst Mach, Pierre Duhem, junto con Svante Arrhenius), que también negaron que la ley del crecimiento de la entropía pudiera aplicarse legalmente al mundo en su conjunto. El acalorado debate en torno a la entropía cósmica se desvaneció hacia 1910, sin que condujera a un consenso o a una mejor comprensión científica de su condición física de este mundo. No obstante, la situación calor-muerte siguió formando parte de la cosmología adicionalmente en la siguiente etapa de la ciencia.

La ley de la gravitación de Newton necesitaba Grandes logros en mecánica celeste y poseía una jurisdicción científica sin rival, y normalmente se había supuesto que la legislación podía ser igualmente eficaz para dar cuenta del suministro de su incontable número de celebridades que filaban el mundo, que muchos físicos y astrónomos (después de Newton) creían que era infinitamente grande. Pero en 1895 el astrónomo alemán Hugo von Seeliger demostró que un mundo euclidiano infinito con una distribución uniforme de la masa no podía concordar con la ley de la gravitación de Newton.

Es decir, también introdujo un factor de atenuación del tipo exp(—r), en el que es una constante realmente pequeña. Con este rescate, pudo escapar al colapso gravitatorio de este infinito mundo newtoniano. Otros científicos lograron exactamente el mismo objetivo sin alterar la ley de Newton. A modo de ejemplo, el astrónomo sueco Carl Charlier reveló en 1908 que cuando se rompía la premisa de la uniformidad y se sustituía por una disposición fractal propia de los sistemas de celebridades no se producía ninguna paradoja gravitatoria. De un modo u otro, la mayoría de los astrónomos descubrieron que era difícil concebir un mundo que no fuera espacialmente infinito.

Sólo un par de físicos y astrónomos reconocieron la posibilidad de un área cerrada y finita de este tipo que el matemático Berhard Riemann había introducido en el transbordador. Aunque el área "curva" no euclidiana era reconocible para estos matemáticos, rara vez era tenida en cuenta por físicos y astrónomos. Posiblemente el primero en hacerlo fue el astrofísico alemán Karl Friedrich Zöllner en un trabajo de 1872, también en 1900 Karl Schwarzschild compartió la posibilidad de que la geometría de la distancia pudiera depender de las dimensiones astronómicas. Expresó su preferencia por la distancia cerrada y finita, sin embargo, no desarrolló sus pensamientos hasta convertirlos en una noción cosmológica. En general, la distancia curva como fuente para la cosmología tuvo que esperar hasta la teoría general de la relatividad de Einstein.

Una de las cuestiones más candentes de la astronomía y la cosmología hacia 1900 era si las nebulosas, y en particular las nebulosas espirales, eran construcciones similares a la Vía Láctea o posiblemente estructuras mucho más pequeñas situadas en su interior. La primera perspectiva, denominada el concepto de "mundo isla", datada en el siglo XIX, también recibió cierta ayuda de varias mediciones espectroscópicas, aunque sin llegar a ser aprobada por la mayoría de los astrónomos. Según esta otra perspectiva, la Vía Láctea era básicamente todo el mundo material, situado en una zona potencialmente infinita o medio escénico. 'Ningún pensador capaz', declaró que el astrónomo británico Agnes Clerk en 1890,"puede hoy, es seguro afirmar, mantener cualquier nebulosa para un sistema de celebridad de organizar la posición utilizando la Vía Láctea.... Junto con las posibilidades infinitas fuera de la ciencia no tiene problema'.8 Toda la cuestión de los universos isla frente al mundo de la Vía Láctea permaneció sin resolver hasta mediados de la década de 1920, cuando Edwin

Hubble triunfó al descubrir la distancia a la nebulosa de Andrómeda, proporcionando así una prueba firme a favor de esta teoría del universo isla.

En la medida en que existía una visión de consenso del mundo dirigente del primer siglo XX, favorecía marginalmente la idea de que no había nada más allá de las limitaciones de la Vía Láctea. De acuerdo con las observaciones y la evaluación estadística, distinguidos astrónomos como Seeliger, Schwarzschild y también el holandés Jacobus Kapteyn propusieron versiones del mundo de la Vía Láctea concebido como un enorme conglomerado no uniforme de celebridades. Sus versiones del mundo tenían en común que imaginaban que la Vía Láctea como un disco elipsoidal de medidas sólo un par de decenas de miles de años luz .

El cosmos **en expansión**

El colapso de este paradigma del universo estático se produjo a partir de la intrincada interacción de dos enfoques muy diferentes: uno pragmático y otro teórico. A finales de la década de 1920, Hubble se centró en la cuestión de los desplazamientos al rojo de las nebulosas extragalácticas y en la supuesta relación entre el desplazamiento al rojo y la distancia. Basándose en gran medida en los corrimientos al rojo descubiertos anteriormente por Slipher, en un importante periódico de 1929 razonó que variaban casi linealmente con las distancias de las galaxias -una relación expresada como $v=cz=Hr$.

Sin embargo, Hubble no cuantificó realmente las velocidades de recesión v, conocidas como "velocidades obvias", es decir, los corrimientos al rojo que podrían traducirse convenientemente en velocidades mediante la fórmula de Doppler. En su artículo de 1929 indicaba vagamente que los cambios espectrales podían traducirse en relación con la versión cosmológica de De Sitter, pero su actitud general consistía en mantenerse al margen de interpretaciones y seguir codificando datos. Para la constante H, finalmente llamada constante o parámetro de Hubble, también derivó un valor de aproximadamente 500 km/s/Mpc (1 Mpc = 1 mega par seg $\sim$ = 3,26 millones de décadas-luz). Mientras que los términos lineales de 1929 no eran especialmente persuasivos, las nuevas y sustancialmente mejoradas dimensiones de dos décadas después, hoy publicadas junto con su ayudante Milton Humason, no dejaban lugar a dudas de que la relación corrimiento al rojo-espacio era real.

Es importante entender que Hubble no concluyó, ni en 1929 ni en libros posteriores, que el mundo haya estado en estado de crecimiento. Empirista cuidadoso, Hubble se atuvo a sus informaciones y se abstuvo de traducirlas obviamente como pruebas de un mundo en expansión. Tampoco otros astrónomos y físicos pensaron primero en los términos de Hubble como prueba observacional de que el mundo se expande. Hicieron falta más observaciones para influir en un cambio de toda la visión del mundo estático hacia un mundo en expansión. Este cambio se produjo justo en la primera parte de 1930, al darse cuenta de que tanto la observación como la teoría sugerían fuertemente que el mundo estático ya no era sostenible.

Desconocida para Hubble y muchos otros Desde la vecindad científica, la posibilidad de un mundo en crecimiento había sido inventada por los teóricos—-primero por el físico ruso Alexander Friedmann en un diario aparecido en Zeitschrift für Physik en 1922. En su investigación sistemática de las ecuaciones del campo cosmológico de Einstein, Friedmann reveló que las soluciones de Einstein y de Sitter agotaban todas las posibilidades para las versiones estáticas del mundo. Más concretamente, para la versión cerrada encontró una serie de soluciones vivas en las que la curvatura del espacio depende del tiempo, $R(t)$. Estas alternativas incluían un curso en el que el mundo comenzaba en $R=0$ $t=0$ y luego se expandía monótonamente. Otra de esas respuestas a la que Friedmann llamó enfoque en un mundo cíclico, comenzando en Rand final, siguiendo pasado $=R_{max}$ en $R=0$. Examinó modelos de mundo tanto con como sin una constante cosmológica, y también en un artículo complementario de 1924 amplió su investigación examinando adicionalmente modelos abiertos utilizando curvatura de distancia negativa.

Las ecuaciones de Friedmann aclaraban Todas las versiones potenciales del mundo vivo que satisfacían el principio cosmológico, es decir, que suponían que el mundo se volvía homogéneo e isótropo a gran escala. Pero, aunque el teórico ruso reconocía obviamente la significancia de las versiones dinámicas del mundo, el acento del trabajo recaía sobre los aspectos matemáticos en contraposición a los sensoriales y físicos. No destacó las soluciones de ampliación ni afirmó que el mundo que vemos está en realidad en estado de crecimiento. Tampoco consultó información astronómica como los corrimientos al rojo galácticos de Slipher. El carácter matemático y el estilo del trabajo de Friedmann podrían haber sido una de las razones por las que no llamó la atención, para ser redescubierto muchos años después. Los pocos físicos que habían sido conscientes de su trabajo, como Einstein, no lo consideraron un argumento de peso contra el globo terráqueo estacionario. La función singularmente significativa de Friedmann es un ejemplo paradigmático de lo que se ha dado en llamar prematuridad en la detección científica.

Transcurridos cinco años desde que el teórico belga Georges Lemaître llegara a la conclusión de que el mundo se desarrolla conforme a la legislación de la relatividad general, no había reparado en los trabajos anteriores de Friedmann. Inspirado por la necesidad de encontrar una respuesta que combinara las ventajas del modelo B de la versión de Einstein de Sitter, en 1927 descubrió exactamente las mismas ecuaciones diferenciales para R(t) que Friedmann había impreso anteriormente. Aunque desde un punto de vista matemático el trabajo de Lemaître era bastante similar al de Friedmann, en la perspectiva de la astronomía y la física que difería notablemente por ello. Fundamentado tanto en la física como en la astronomía, Lemaître deseaba encontrar el remedio que se adhiriera a este único mundo explicado, por ejemplo, por la información astronómica y también por los corrimientos al rojo galácticos en particular. Pensó que el mejor modelo era un universo cerrado que se expandía monótonamente a partir del estado de Einstein estático de un radio total de aproximadamente 270 Mpc. A medida que el crecimiento continuaba, la densidad de masa podía disminuir lentamente y aproximarse a la del estado de Sitter vacante. En dramático contraste con el diario de Friedmann, los corrimientos al rojo de las galaxias eran de suma importancia para Lemaître, quien aclaró que debían conocerse como un impacto cósmico del crecimiento del mundo. Los corrimientos al rojo se debían a que las galaxias eran transportadas junto con la distancia en expansión, de manera que el "claro efecto Doppler" expresaba el aumento entre la recepción y la emisión de la luz.

El concepto de Lemaître de 1927 se conoce hoy como fundación de la cosmología y la fundación genuina de este mundo de extensión, pero en el tiempo que no hizo más efecto que el trabajo anterior de Friedmann. Está diciendo el Einstein (que entendió sobre las funciones de los dos Friedmann y Lemaître) dentro de un poste de 1929 a la Enciclopedia Británica preservó su religión en el mundo estático. A lo largo de la teoría general de la relatividad", escribió, "la opinión de que el continuo es infinito en su propio ámbito temporal pero finito en su propio ámbito espacial ha obtenido una gran probabilidad". El mundo en expansión se convirtió en un hecho en la primavera de 1930, después de que Eddington, de Sitter y otros importantes astrónomos tomaran conciencia del concepto de Lemaître y comprendieran lo bien que encajaba con la relación filosófica entre el corrimiento al rojo y el espacio de Hubble. Eddington abandonó rápidamente el mundo estático, sustituyéndolo por la versión expansiva de Lemaître (que por esa razón se denomina "versión Lemaître—Eddington"). Einstein también aceptó las alternativas vivas de Friedmann y Lemaître, reconociendo que en un mundo en expansión la constante cosmológica no era vital. Estaba insatisfecho con la constante que había introducido en 1917, y la abandonó para siempre.

A partir de 1935, el concepto de este mundo en Expansión fue aprobado por la mayoría de astrónomos y físicos, y ha sido objeto de exhaustivas investigaciones por parte de la literatura científica. Fue difundido al público en general por medio de una serie de funciones populares, incluyendo James Jeans 'El Universo Universo (1930), James Crowther 's Una visión general de este Universo (1931), de Sitter 's Kosmos (1932), también Eddington 's El Universo Universo (1933). Mucho más difíciles fueron el par de libros de texto orientados al pequeño vecindario de los cosmólogos, donde los principales fueron Relativity, Thermodynamics and Cosmology (1934) de Tolman y Theorien der Kosmologie (1942) de Otto Heckmann.

La aprobación general de este mundo en Crecimiento entre los principales físicos y astrónomos no se extendió a toda la comunidad científica. Una minoría sustancial negaba que el mundo estuviera en crecimiento y, por tanto, necesitaba crear otras explicaciones para los corrimientos al rojo observados. Hubo una selección de maneras en que esto podría lograrse sobre la base de una noción inactiva y eterna del mundo. Algunos científicos creían que las explicaciones basadas en los corrimientos al rojo se debían a la mecánica gravitatoria o a la idea de la "luz cansada", como por ejemplo las que propugnaban de diversas maneras Fritz Zwicky, William MacMillan y Walther Nernst. Aunque tales explicaciones no expansivas resultaron bastante conocidas en la década de 1930, no tuvieron éxito a pesar del mundo inactivo a costa del nuevo paradigma expansivo. La corriente principal de astrofísicos y cosmólogos consentía en que el crecimiento era real, aunque algunos pensaban que no era resultado de la teoría general de la relatividad. Aproximadamente de 1933 a 1948 llamó la atención el otro método cosmológico del físico de Oxford Edward A. Milne. El cosmos de Milne se expandía, pero no estaba regulado por las ecuaciones de Einstein y no funcionaba con la idea de la distancia curva. Tras el fallecimiento de Milne en 1950, su cosmología según la "relatividad cinemática" dejó de llamar la atención.

Como se ejemplifica a partir del Modelo Lemaître—Eddington, un mundo en constante expansión no tiene por qué tener una era finita. Aunque Friedmann había introducido la noción de un mundo de era finita o incluso de "big bang" en su trabajo de 1922, en un sentido

corporal—realista que se mueve a partir de 1931. En una breve carta a Nature del 9 de mayo de este año, Lemaître creó la audaz proposición de que el mundo había llegado a existir exactamente en lo que él pintorescamente llamó una explosión ártica masiva de un 'átomo' primigenio de densidad atómica ($\rho \sim = 1015$ g/cm3). Tras la primera explosión 'con un tipo de procedimiento superradiactivo', el mundo se expandió a un ritmo feroz y finalmente evolucionó hasta la condición actual de un mundo en expansión espeluznante ($\rho \sim = 10\text{-}30$ g/cm3). Aunque la primera comunicación de Lemaître fue breve y sólo cualitativa, pronto la desarrolló hasta convertirla en un concepto científico adecuado según los especímenes del campo cosmológico, como una constante cosmológica positiva. En la primera exposición exhaustiva de esta "teoría del big bang" (título no acuñado), la explicó de la siguiente manera:"

Las primeras fases de este crecimiento consistieron en una rápida expansión dependiente de la masa del átomo primario, casi igual a la masa actual del mundo... La primera expansión logró que el radio [de distancia] trascendiera el valor del radio de equilibrio [de este planeta de Einstein]. En consecuencia, la expansión se produjo en tres etapas: un primer intervalo de crecimiento acelerado del átomo-universo se ha dividido en celebridades atómicas, un lapso de ralentización, seguido de cerca por una tercera fase de crecimiento rápido. Es sin duda en este período en el que nos encontramos hoy.

La versión de Lemaître de 1931 era una alternativa a las ecuaciones de Friedmann, que permitía muchas más versiones del mundo que compartían la característica de la rata t=0. Un modelo fue propuesto conjuntamente por Einstein y de Sitter,

que en 1932 introdujeron el concepto de un universo flat, siempre en expansión y sin constante cosmológica.

La versión Einstein—de Sitter Pertenecía al curso del'bigbang', porque R0att=0pero esa era una característica con la que Einstein ni p Sitter se sentían cómodos, y en consecuencia lo impidieron. Como la mayoría de los demás físicos y astrónomos, no creyeron en la propuesta de Lemaître de un candidato sensato para el crecimiento del cosmos.

Se suponía que la respuesta general a la noción de un "big bang" del pasado remoto era descartarla o negarla como una especulación de última hora. Después de todo, ¿para qué pensar en ello? ¿Podría haber dejado algún indicio que, a pesar de todo, pudiera exponerse al diagnóstico?

Lemaître creía que existían realmente tales fósiles en el pasado, que éstos estaban disponibles en los rayos cósmicos; sin embargo, su propuesta no obtuvo ayuda. Junto con esta ausencia de pruebas anecdóticas, la propuesta de un universo nacido en una explosión radiactiva se ha considerado artificiosa y conceptualmente extraña. Pocos cosmólogos de la década de 1930 estaban dispuestos a reconocer "el comienzo del mundo" como una cuestión que pudiera ser abordada por las matemáticas. Aunque la mayoría de los cosmólogos deseaban evitar la pregunta, las versiones de la era finita de aproximadamente el mismo tipo desde la de Lemaître no se descartaron del todo. Uno de los numerosos físicos que se interesaron por estas versiones fueron Paul Dirac en Inglaterra, Pascual Jordan en Alemania, también George Gamow de Estados Unidos.

CAPÍTULO SEIS
LA ARQUEOLOGÍA NUCLEAR Y EL UNIVERSO

El mundo 'fireworks' de Lemaître Nunca recibió una atención significativa, pero después de la Segunda Guerra Mundial había sido restaurado individualmente por el físico estadounidense de origen ruso George Gamow—un líder de la física atómica—junto con también un pequeño conjunto de colaboradores. La estrategia de Gamow para la cosmología del universo primitivo difería notablemente de la de los investigadores anteriores, en el sentido de que se centraba en la física atómica y química con la intención de describir la acumulación de elementos poco después del 'big bang' en t = 0. Ignorando las cuestiones técnicas de esta 'invención' de este mundo, Gamow creía que el universo primitivo se convertía en un crisol muy caliente y aerodinámico, un laboratorio exótico para cálculos corporales atómicos. Si él calculara, sobre la base de la física atómica, la manera en que los componentes se han formado en el primer infierno, junto con las abundancias de componentes calculados correspondían a los observados en el carácter, habría dado pruebas poderosas a favor de su 'big bang' origen del mundo. Este programa de investigación global fue considerado por algunos físicos anteriores—especialmente de Carl Friedrich von Weizsäcker en un trabajo de 1939—sin ser crecido hasta cierto punto. El objetivo de lo que se ha denominado 'arqueología atómica' sería reconstruir la historia de este mundo mediante hipotéticos procedimientos atómicos cosmológicos o estelares, y también examinarlos analizando el consiguiente patrón de abundancias de elementos.

En 1946 Gamow publicó su primer Preliminary newspaper, donde sostenía que la cuestión del origen de estos componentes podía resolverse combinando las fórmulas relativistas de crecimiento con las tasas conocidas de las reacciones atómicas. Junto con su ayudante de investigación Ralph Alpher, dos décadas después presentó una variante muy mejorada de esta "situación de big bang" que suponía como escenario inicial una "sopa" islandesa de neutrones primordiales. Al volverse estériles, algunos de ellos podrían desintegrarse en protones y electrones, y también los protones se unirían a los neutrones para formar deuterones y, finalmente, a partir de la mecánica de la captura de neutrones, núcleos más pesados. Los cálculos según esta película eran tranquilizadores en la medida en que se fitan para hacer una curva de abundancia nuclear tal vez no muy distinta de la referida observacionalmente. De forma más o menos independiente, Alpher y Gamow comprendieron que en la elevada temperatura necesaria para las reacciones nucleares (aproximadamente 109 K), la radiación podía predominar sobre la emisión y seguir haciéndolo antes de que el mundo se hubiera enfriado como consecuencia del crecimiento. Para generar una imagen fiable del mundo primitivo, necesitaban tener en cuenta tanto la radiación como la materia.

En un trabajo de 1948, junto con Robert Herman, otro de los socios de Gamow, Ralph Alpher descubrió que la radiación originalmente muy sexy podría haber enfriado con el crecimiento y ahora aparecen como radiación de baja intensidad con una temperatura de aproximadamente 5 K.

Sostuvieron que esta radiación de fondo filled todo el universo, y así, en principio, debería ser detectable debido a la débil fósil de la antigua clase mundial dominada por la radiación. Sin embargo, el magnífico pronóstico de Alpher y Herman sobre la radiación cósmica de fondo no consiguió atraer la atención de físicos y astrónomos.20 Podrían pasar otros diecisiete años hasta que se detectara la radiación de fondo, lo que tendría notables consecuencias para el crecimiento de la cosmología.

El programa de estudios llevado a cabo en gran parte por Gamow, Alpher y Herman se concentró en la creación de núcleos atómicos más pesados a partir del universo muy primitivo. Cálculos minuciosos creados a partir de principios de la década de 1950 condujeron a un material de helio cósmico entre el 29 y el 36 por ciento (en peso), que había estado en acuerdo decente con la cantidad detectada de helio en el mundo, en ese momento entendido sólo muy aproximadamente. Por otro lado, Gamow y su equipo no tuvieron en cuenta las partes más pesadas del número atómico Z 2, lo que se consideró un grave problema y una razón para descartar este concepto. Otra dificultad—que el concepto de Gamow compartía con muchas otras versiones de la era finita—ha sido que dio lugar a una escala temporal demasiado breve. La era del mundo en relación con el tiempo de Hubble (el inverso de la constante de Hubble($T=1/H$) sigue un determinado modelo cosmológico—en el caso de esta versión de Einstein-deSitter, siendo $\tau=2T/3$. Puesto que las dimensiones astronómicas aparentemente fiables señalaban $T\sim$ =dos mil millones de años, ¡que esto resultaba en un mundo más joven que la Tierra! (La dificultad desapareció a partir de mediados de la década de 1950, al revelarse que H es mucho más compacto de lo que se pensaba).

La mínima admiración por la versión del "big bang caliente" de Gamow en la década de 1950 queda ejemplificada por la Perspectiva de tres distinguidos físicos británicos, que en 1956 razonaron sobre el concepto:

'Actualmente, este concepto no puede ser considerado más de una teoría atrevida.'21 En realidad, en ese momento el concepto había llegado efectivamente a un punto muerto. Una docena de físicos (¡sin embargo ningún astrónomo!) se dedicó a crear el concepto de Gamow después de 1948, sin embargo, un par de años después el interés disminuyó drásticamente. Entre 1956 y 1964 sólo se dedicó un artículo de estudio a lo que alrededor de 1950 había parecido convertirse en un fl nutrido programa de análisis. Las causas de esta destacada falta de curiosidad son complicadas, y hay que atribuirlas a variables sociales y científicas. Una de las razones no eran el concepto ha sido refutado por las observaciones de ninguna manera inmediata, que no lo era. Los problemas científicos a los que se enfrentó el concepto del "big bang" de Gamow—un título que se extiende desde alrededor de 1950—no fueron la única razón del declive. La siguiente razón fue que había sido ampliamente visto como un concepto del desarrollo de este mundo—una teoría que muchos físicos y astrónomos consideraban fuera del ámbito de las matemáticas, así como pseudo scientific.

También conviene recordar que, aunque la teoría de Gamow se basaba en la teoría general de la relatividad definitiva (en el tipo de las ecuaciones de Friedmann), no la seguía. Algunas versiones relativistas, como la de Einstein—de Sitter, parten de una singularidad-un "país" donde todo el espacio y la materia se concentran en un punto. Sin embargo, la idea de un estallido nuclear—tal y como la señaló por primera vez Lemaître y con mucho más detalle Gamow y Alpher—sería un elemento internacional que incluiría el concepto de relatividad general en lugar de formar parte de éste. Esto puede ayudar a explicar por qué varios astrónomos, que han estado a favor de un mundo de la era finita que comienza en una singularidad, se compararon con la situación de Gamow del mundo antiguo. Por ejemplo, el cosmólogo inglés-estadounidense George McVittie era partidario de un mundo de desarrollo relativista, digamos del tipo Einstein—de Sitter, sin embargo, criticó a estos "escritores ingeniosos" que habían entretejido ideas fantasiosas como el "bigbang" a través de las predicciones de la cosmología relativista general.

Una controversia cosmológica

En una época en la que la Cosmología del "big bang" era un programa de análisis un tanto severo, las versiones similares y relativistas fueron contestadas por un concepto del mundo totalmente diferente, conocido originalmente como el concepto de "creación continua", pero que pronto se hizo famoso como la versión del "estado estacionario". El simple mensaje de esta teoría del estado estacionario era que las características a gran escala de este mundo siempre habían sido, y siempre serían, exactamente las mismas, lo que indicaba que no había un comienzo cósmico ni una conclusión cósmica. Pero contrariamente a las anteriores perspectivas cosmológicas de este tipo, el nuevo concepto aceptaba el crecimiento del mundo como un hecho observacional.

El concepto de estado estacionario se inició en conversaciones entre tres jóvenes físicos de Cambridge, Fred Hoyle, Hermann Bondi y Thomas Gold, que estaban de acuerdo en que la cosmología de la evolución convencional según los especímenes de campo de Einstein era profundamente decepcionante. Su elección fue creada en dos variaciones bastante diferentes—una por Hoyle, junto con otra juntos por Bondi y Gold. Ambos documentos fundacionales aparecieron en el verano de 1948 en Monthly Notices of the Royal Astronomical Society. Aunque el enfoque de Hoyle difería en gran medida del de Bondi y Gold, ambas teorías tenían mucho en común que se habían considerado en general sólo como dos variaciones de un concepto idéntico del mundo. Ambos documentos se caracterizaban por objeciones de base filosófica a la cosmología convencional dependiente de las ecuaciones de Friedmann. Por ejemplo, Hoyle creía que lo que él llamaba conceptos de "creación-en-el-pasado" se alejaban "del alma de la indagación científica", ya que la creación no podía describirse causalmente. Bondi y Gold objetaron de forma similar esta ausencia de unicidad de este concepto relativista convencional:

En relatividad general se puede obtener una gama realmente amplia de versiones, junto con los contrastes [entre observación y teoría] simplemente se intenta finir cuál de esos modelos se ajusta mejor a la verdad. El número de parámetros es mucho mayor que el número de puntos de observación, por lo que no hay duda de que existe un fit, y no todos los parámetros pueden fijarse.

Bondi y Gold sugirieron ampliar el principio cosmológico normal al que llamaron el gran principio cosmológico. Este principio o premisa siguió siendo la base definitoria de este concepto de estado estacionario, en particular tal como lo imaginaron Bondi y Gold junto con también sus comparativamente pocos seguidores. Dice que las características a gran escala de este mundo no cambian ni con el tiempo ni con el espacio. Según Bondi y Gold se trataba de un postulado o hipótesis básica:

'Respetamos el principio por su importancia tan básica que estaremos preparados si es necesario para contrarrestar las extrapolaciones teóricas a partir de las consecuencias experimentales en caso de que conflicten con el mejor principio cosmológico, incluso cuando los conceptos implicados se acepten habitualmente'.

Un Individuo puede argumentar para su mejor Principio Cosmológico varía o con respecto a los impactos que Sugirió, pero tal vez no derivarlo en otras leyes fisiológicas. A pesar de que podría ser apoyado por las observaciones, por lo que no podría ser demostrado observacionalmente. En otra Mano, podría ser refutado por observaciones—especialmente, si los impactos de este principio Fueron contradichos por observaciones. Lo que podría parecer como un principio Priori, y ha sido acusado de convertirse en uno, en realidad no era de tal naturaleza.

El crecimiento del mundo contradice aparentemente el gran principio cosmológico, ya que el crecimiento sugiere que la densidad típica de la materia disminuye con el tiempo. En oposición a reconocer una contradicción, los teóricos del estado estacionario trajeron la conclusión de que la cosa se crea siempre y densamente a través del mundo en esta velocidad compensa el adelgazamiento provocado por el crecimiento. Bondi y Gold revelaron fácilmente la tasa de producción tiene que ser otorgado por $3\rho H \approx 10\text{-}43$ g/s/m3, en el que ρ es su densidad típica de la materia y H es la constante de Hubble. La escasa tasa de creación hacía imposible descubrir el desarrollo de la nueva cuestión por experimentación directa, pero la hipótesis no tenía consecuencias detectables. Era probable que lo nuevo se generara en forma de electrones de hidrógeno, o tal vez neutrones o electrones y protones individualmente, pero eso no es más que una suposición sensata.

El concepto fácil de estado estacionario del mundo condujo a muchas predicciones definitas y comprobables, y también a esos, demasiados impactos de carácter definito—expectativas de comportamiento de lo que podrían ser las observaciones frescas. Por lo tanto, el concepto seguía siendo que no sólo la densidad de la materia debía permanecer constante, sino que el valor definito de $\rho=3H2/8\pi G$ era el atributo de densidad crítica de este modelo de Einstein—de Sitter de 1932. Mientras que desde la versión relativista esta densidad sugiere una ralentización de este crecimiento, en la versión de estado estacionario corresponde a un crecimiento creciente. De acuerdo con el concepto, el llamado parámetro de desaceleración -una cantidad medible que expresa la velocidad de ralentización del crecimiento- debería tener el valor q0 =—1). Las edades de las galaxias deben distribuirse según una ley estadística determinada. Dicho de otro modo, el concepto de estado estacionario dio lugar a predicciones inequívocas que pueden compararse con las dimensiones. A diferencia de este curso de 'big bang' conceptos, había sido falsificable.

El concepto sugerido por Hoyle, Bondi y Gold fue polémico al principio, y ampliamente considerado como provocador, no por su premisa de generación espontánea de cosas, en evidente contradicción con la regulación de la conservación. La respuesta al concepto se basaba en parte en observaciones, pero no tanto en la comprensión de carácter filosófico. Puesto que Bondi y Gold habían aplicado argumentos metodológicos y epistémicos a favor de este nuevo concepto, por lo tanto sus competidores aplicaron argumentos similares. Foremost entre los críticos había sido Herbert Dingle, un astrofísico y filósofo de las matemáticas, que desde el 1930shad luchado una cruzada contra las cosmologías de su tipo racionalista, por ejemplo Milne's. Consideraba necesario atemorizar a la cosmología del estado estacionario, a la que acusaba de dogmática y claramente acientífica. En un discurso presidencial inusualmente polémico, pronunciado en 1953 ante la Real Sociedad Astronómica, afirmó que el nuevo modelo era una cosmitología, una fantasía matemática que no tenía ningún vínculo creíble con los hechos físicos:

Es difícil para todos aquellos Unacquainted con las matemáticas de este tema, y educado en la scientific patrimonio, a cargo de los principios básicos de las matemáticas están siendo abiertamente indignados como lo son aquí. Uno se inclina naturalmente a creer que el pensamiento de esta respuesta continua de la cosa ha surgido de la conversación matemática basada en el seguimiento scientific, que mal o bien, es una inferencia válida de lo que entendemos. No es nada de esto, y es esencial que eso debe ser claramente conocido. No es otro fundamento que la fantasía de unos cuantos matemáticos que creen lo bien que estaría que todo el mundo se creara así.

Dingle juzgó el mejor principio cosmológico totalmente inadecuado—para funcionar como ad hoc y a priori. Según él, el principio tenía exactamente el mismo carácter dudoso que las órbitas totalmente circulares y también los cielos inmutables de la cosmología aristotélica. Éstos eran meras hipótesis; han sido elementos fundamentales en el diseño que dominó la cosmología antigua y medieval, y como ellos eran inviolables dentro del marco de su paradigma. Dingle sostenía que el gran principio cosmológico tenía una posición idéntica.

A pesar de los desacuerdos básicos, ambas partes en la discusión cosmológica coincidieron en que, finalmente, la cuestión debía depender de la observación y no del debate filosófico. Bondi, que había estado muy motivado por la doctrina falsificacionista de las matemáticas de Karl Popper, anunció que el concepto de estado estacionario tendría que abandonarse en caso de que las observaciones contradijeran una de sus propias predicciones. Pero otros teóricos del estado estacionario también destacaron que, en casi cualquier conflicto entre teoría y observación, era probable que se viera que el control fallaba porque era el concepto. En la controversia entre la versión del estado estacionario y las versiones de la evolución relativista se utilizaron varias evaluaciones, algunas directas y otras indirectas. Una de las más significativas fue (I) la formación de arrecifes, (ii) la nucleosíntesis, (iii) la conexión redshift—dimensión, (iv) los recuentos de suministro radioastronómico, (v) el suministro de cuásares, y (vi) el fondo cósmico de microondas.

Se había acordado que cualquier concepto cosmológico aceptable debería ser capaz de describir la producción y formación de galaxias, una dificultad difícil que ha sido abordada de diversas maneras por ambas teorías rivales. Después de mucho realizar teórica que el escenario había sido indecisa en el sentido de que la dificultad se ha dado cuenta de que es demasiado complicado para justificar alguna decisión definite en lo que respecta a ambas concepciones rivales del planeta. Por decirlo de otra manera, la formación de galaxias no funcionó como evaluación que se había esperado que fuera. Algo muy parecido ha ocurrido con la cuestión de la nucleosíntesis, en la que las teorías del "big bang" pueden explicar la creación de helio, aunque no la de componentes más pesados. Según el concepto de estado estacionario, todos los componentes debían ser producto de reacciones nucleares en el interior de las estrellas. La primera explicación decente del tipo apareció en un concepto muy ambicioso y exhaustivo publicado en 1957 por Fred Hoyle en colaboración con William Fowler, Margaret Burbidge y Geoffrey Burbidge. El llamado concepto B2HF fue un trabajo que marcó un hito en la nucleosíntesis estelar, aunque débilmente relacionado con la cantidad predicha de helio y deuterio. Desde principios de la década de 1960 la opinión general ha sido que la nucleosíntesis aún no podía ser utilizada para diferenciar entre ambas teorías cosmológicas.

Una prueba más prometedora y comparativamente sencilla parecía derivar de la versión de la velocidad de recesión de las galaxias utilizando sus distancias, donde se puede inferir la desaceleración continua y también la curvatura del espacio. Algunas cosmologías de desarrollo predijeron que la velocidad de recesión era desproporcionadamente mayor para las galaxias remotas (mayores), según la versión de estado estacionario la velocidad crecería directamente proporcional a este espacio. Como se mencionó anteriormente, el parámetro de desaceleración de este concepto de estado estacionario era tan pequeño como $q0 = -1$, que lo distinguía en muchos modelos evolutivos dependientes de las ecuaciones de Friedmann. Los datos debidos a Humason y Allan Sandage en el Observatorio del Monte Wilson señalaban un crecimiento ralentizado, correspondiente a algún valor de $q0$ sustancialmente superior a -1). Esto se basaba en la perspectiva evolutiva, pero las estadísticas no eran lo suficientemente seguras como para constituir una evaluación esencial, excepto para los científicos (por ejemplo, Sandage) que ya confiaban en el hecho de la cosmología del "big bang". Aunque Sandage y la mayoría de los demás astrónomos pensaban que las observaciones reunidas sobre el tamaño del corrimiento al rojo discutían a partir de la opción del estado estacionario, la supuesta refutación no era lo suficientemente evidente como para convencer a la gente a favor de este concepto.

El obstáculo más serio para la cosmología del estado estacionario llegó en la ciencia de la radioastronomía. Martin Ryle, de la Universidad de Cambridge, pionero de esta nueva ciencia, se convirtió en poco tiempo en un activo opositor de esta teoría del estado estacionario, que, según él, había quedado descartada con la información de los recursos radioeléctricos que demostraban su suministro en cuanto a intensidad. El grupo de Ryle descubrió un suministro que surgió flatly junto con la previsión de la cosmología de estado estacionario, pero puede ser adaptado por el curso de los conceptos de 'big bang'. Así, llegó a la conclusión de que "no parece haber ninguna manera en que las observaciones podrían explicarse en relación con un concepto de estado estacionario". Aunque esta decisión en contra de la Conferencia Halley de Ryle de 1955 demostró ser prematura—que la información no era tan excelente como Ryle creía—las estadísticas mejoradas de 1961 sí hablaron en contra del concepto cosmológico de Hoyle y sus aliados. La evaluación radioastronómica fue aprobada por la gran mayoría de los astrónomos desde el derrocamiento final de la cosmología del estado estacionario. Pero, aunque el consenso radio-astronómico disminuyó sustancialmente el concepto, sólo era posible -ayudar a mantenerlo vivo mediante la introducción de modificaciones apropiadas, que había sido exactamente lo que Hoyle junto con también un par de otros protagonistas del estado estacionario hicieron. Independientemente de la buena base de la información fresca de Ryle, ninguno de esos cosmólogos del estado estacionario admitió que equivalían a alguna refutación del concepto, y ninguno de ellos se transformó a la perspectiva de la cosmología evolutiva debido al veredicto en contra de la tradición radial.

Microondas en el cielo

El concepto de estado estacionario de este Mundo adquirió su golpe de muerte en 1965 junto con el descubrimiento de un fondo cósmico de microondas del tipo que Alpher y Herman habían llamado en 1948. Aparentemente ajeno a la previsión anterior, en 1964 que el físico de Princeton Robert Dicke llegó a sospechar la ocurrencia de la radiación de cuerpo negro frío como un truco en una inmersión cósmica donde un mundo anterior, después de haber soportado un "gran crujido" que renació en un "big bang". A principios de 1965, James Peebles, también antiguo alumno de Dicke, calculó que la temperatura de esta radiación era de aproximadamente 10 K, y en Princeton se hicieron preparativos para evaluarla. Sin embargo, hasta llegar a ese punto, se enteraron de los experimentos creados por dos físicos de los Laboratorios Bell. Experimentando usando un radiómetro rediseñado para ser utilizado en radioastronomía, Arno Penzias y Robert Wilson descubrieron una temperatura de antena de 7,5 K en la que debería haber sido sólo 3,3 K. No habían sido capaces de describir la razón principal detrás de la discrepancia y sólo se dieron cuenta de que la temperatura sobrante -habían pensado en "sonido"- era claramente de origen cosmológico cuando vieron que una preimpresión de la función de Peebles.

El descubrimiento de la radiación cósmica de Fondo, gobernado con el premio Nobel, fue serendípico, determinado los experimentos Penzias-Wilson no estaban dirigidos a fincar una radiación de significancia cosmológica en lugar de traducido originalmente como tal. También es notable que el descubrimiento y el descubrimiento fueron producidos por físicos. Ninguno de estos descubridores de este fondo de microondas -posiblemente el descubrimiento más significativo de la cosmología contemporánea- eran astrónomos, ni expertos en astrofísica. Incluso los físicos de Bell y Princeton publicaron su trabajo como artículos de empresa en el número de julio de 1965 de la revista Astrophysical Journal, informando de que la detección y el descubrimiento de la radiación fósil en el "big bang". A pesar de que Penzias y Wilson acaba de declarar su finding de la fiebre exess en longitud de onda 7,3 cm, a continuación, la banda de Princeton (Dicke, Peebles, Peter Roll, también David Wilkinson) revestido las consecuencias cosmológicas. Ninguno de esos periódicos citó las funciones anteriores de Alpher y Herman.

La interpretación "big bang" del célebre fondo de microondas de 7,3 cm fue aprobada de inmediato por la mayoría de los astrónomos y físicos, que la acogieron como prueba final de que el mundo se había convertido en un acontecimiento volátil 10.000 millones de años atrás. En el caso de que el seguimiento de Penzias y Wilson se interpretara de esta manera, la radiación necesitaba convertirse en cuerpo negro-distribuida, la demostración de que claramente se requería sobre una longitud de onda. La expansión a longitudes de onda adicionales llevó algún tiempo, pero desde principios de la década de 1970 no había ninguna duda de que el rango era en realidad de radiación de cuerpo negro a una temperatura de aproximadamente 2,7 K. La importancia de este descubrimiento de 1965 fue, en primer lugar, firmante importante, que proporcionó un poderoso apoyo a esta imagen de 'big bang' y descartó otras perspectivas del mundo. Aunque el fondo de microondas partía de las premisas del "big bang", sólo podía duplicarse desde la cosmología del estado estacionario introduciendo otras hipótesis de carácter ad hoc. Esta estrategia ha sido seguida de cerca por Hoyle, Jayant Narlikar, junto con algunas otras personas, pero no dejó ninguna impresión sobre el gran grueso de astrónomos y físicos, que lo descubrieron para convertirse en artificial más bien innecesario.

El fondo de microondas también proporcionó apoyo directo a su teoría del "big bang" contribuyendo a mejorar los cálculos de esta creación primordial de helio-4 junto con otras especies atómicas muy leves como el helio-3 junto con el deuterio. A modo de ejemplo, en 1966 Peebles calculó que la abundancia de helio sobre la premisa de una temperatura de radiación de 3% y llegó a 26—28 por ciento de helio, basado en el valor de la densidad actual de la cosa. El resultado consintió utilizando observaciones que Peebles eligió para convertirse en una confirmación más lejana de esta versión sexy del 'big bang'. El trabajo realizado sobre la creación primordial de helio-4 no sólo supuso un sólido apoyo para su 'big bang', sino que también ayudó a determinar la densidad de materia del mundo. Debido a esta abundancia cósmica de deuterio, sólo con el lanzamiento en 1972 del satélite Copérnico fue posible determinar la cantidad a $D/H\sim =1,4\times10-5$. A partir de ahí, los astrofísicos estadounidenses John Rogerson y también Donald York desarrollaron un valor de esta densidad de materia normal (bariónica) que señalaba una clase mundial abierta y en constante expansión.

La densidad reducida de la materia bariónica indicó la presencia de cantidades considerables de "materia oscura" del mundo—una noción que estaba en existencia por un rato, también en la clase de "celebridades oscuras" se podía ver tan temprano como en la mitad siguiente del vigésimo century.27 mientras que analizaba los racimos galácticos que el astrónomo coreano-americano Fritz Zwicky razonó en 1933 la gravitación de la materia observable no era casi suficiente mantener los planetas juntos. Él implicó que debe haber cantidades grandes actuales de la cosa no-que ilumina u oscura, que esto podría impulsar la densidad media de la materia en el mundo a cerca de la significación crucial - = $\rho/ / \rho crit =1$, correspondiendo a la distancia que se convierte en flat. Pero, los desacuerdos flagrantes de Zwicky recibieron poca nota, y sólo a partir de la década de 1970 fracasó Vera Rubin y muchos otros crean evidencia persuasiva de que el aumento de la parte de la cosa en el mundo debe existir en cierta forma desconocida, tenue. Obviamente, el descubrimiento de la materia oscura, bastante diferente del tipo normal compuesto de electrones y nucleones, planteó una nueva pregunta: ¿qué es?

La confidencia de la versión caliente del "bigbang" que surgió a finales de la década de 1960, principalmente como consecuencia del fondo cósmico de microondas, no implicaba que cada una de las cuestiones clave de la cosmología estuviera resuelta: ni mucho menos. Significaba simplemente que muchos especialistas trabajaban ahora exactamente en el mismo paradigma y estaban de acuerdo en cuáles eran los principales problemas y cómo podían resolverse. El concepto de relatividad general creció hasta convertirse en un poderoso campo de investigación de las matemáticas y la astrofísica en el mismo intervalo, y había sido una parte de este programa el mundo en general podría aclararse, y sólo puede explicarse, por medio de las ecuaciones del campo cosmológico de Einstein. Los modelos cosmológicos no acordes con la relatividad general siguieron perdurando, y se han sugerido otros nuevos, pero quedando fuera el paradigma establecido de que habían sido de significancia marginal. Lo que importaba era elegir los parámetros cosmológicos en las observaciones utilizando un nivel de precisión tal que permitiera elegir la mejor respuesta a estas ecuaciones de campo. Esta mejor alternativa explicaría entonces una versión cosmológica que muy probablemente se correspondería con el mundo real.

Tal y como Sandage, junto con otros cosmólogos observacionales, lo encontraron, los parámetros aplicables eran, en primer lugar, la constante de Hubble y el parámetro de deceleración, los dos de los cuales eran cantidades que, en principio, podían deducirse de las observaciones. El objetivo de este programa de estudio se ha personificado en el nombre de un periódico que Sandage imprimió en 1970:

Cosmología: a la caza de dos cantidades en Internet". Pero fue más difícil de lo previsto encontrar valores inequívocos para ambas cantidades. Las mediciones discrepaban hasta tal punto que no había sido posible afirmar con certeza si la geometría del mundo estaba flatclosed.

Tampoco se podía atrapar la era de este mundo con un valor más exacto que casi 10.000 millones de décadas. Muchos cosmólogos suponían que la constante era cero (en otras palabras, inexistente), sin embargo, su opinión se basaba tanto en gustos filosóficos como en observaciones. Durante ese tiempo, una constante cosmológica distinta de cero y probablemente positiva seguía siendo una posibilidad. A falta de un consejo observacional firme, muchos cosmólogos eligieron la versión de Einstein—de Sitter—no porque hubiera sido confirmada por el seguimiento, sino porque era fácil y no estaba descartada por las observaciones. Acabó siendo una versión de compromiso frente a una versión de concordancia.

El cambio que experimentó la cosmología a partir de mediados de la década de 1960 se manifestó no sólo de forma incremental, sino también social. Antes del punto, la cosmología como un campo scientific rara vez existía, aunque existía porque una acción scientific perseguido a tiempo parcial con un número limitado de físicos y astrónomos que no se creían a sí mismos como "cosmólogos". La cantidad de libros de texto había sido bastante escasa, también variaban mucho en enfoque y contenido, entre ellos Relatividad, Termodinámica y Cosmología de Tolman (1934), Cosmología de Bondi (1952), también Relatividad General y Cosmología de McVittie (1956). En las décadas posteriores al descubrimiento del fondo de microondas se observó una creciente integración de la cosmología en los departamentos universitarios, y las clases, convenciones y libros de texto se hicieron mucho más frecuentes que antes. Por primera vez, los alumnos recibieron una educación cosmológica regular y se incorporaron a una tradición de estudio con un legado y unos objetivos compartidos.

Aumentó el número de alumnos, se reforzaron las relaciones entre físicos y astrónomos y aparecieron nuevos estudiosos que definieron el contexto y el contenido de la ciencia del mundo. Si bien en décadas anteriores la cosmología se había caracterizado hasta cierto punto por diferencias federales, éstas desaparecieron en su mayor parte. Inicialmente, la cosmología del "big bang" era un concepto estadounidense, el concepto de estado estacionario había pertenecido a los británicos y los rusos habían dudado en entrar en la cosmología de alguna manera. El campo se hizo verdaderamente global, o más o menos. Ya no era posible determinar la viabilidad de un escritor por el concepto cosmológico que recomendaba. A modo de ejemplo, el tipo de estudio cosmológico completado por el físico ruso Igor Zeldovich junto con su universidad se basaba en el nuevo concepto de referencia del "big bang" y no difería en el estudio de sus colegas británicos y estadounidenses. Sólo en China, bajo la Revolución Cultural, la cosmología del "big bang" fue considerada ideológicamente sospechosa en los años 70 y suprimida por motivos políticos, especialmente en el caso de las versiones espacialmente cerradas.

El cambio -algunos dirían Revolución- también se manifestó en un crecimiento rápido y continuo de los libros que trataban temas cosmológicos.31 Mientras que el número anual de artículos científicos sobre cosmología había sido aproximadamente la mitad durante 1950—62, entre 1962 y 1972 la cantidad pasó de fifty a 250. Como otro método de expresar el crecimiento, la cantidad anual de periódicos sobre cosmología aumentó a un ritmo medio de 6,4 periódicos entre 1955 y 1967, mientras que en el período 1968—80 la velocidad fue de veintiún periódicos más. Como otro método de expresar el crecimiento, la cantidad anual de periódicos sobre cosmología aumentó a un ritmo medio de 6,4 periódicos entre 1955 y 1967, mientras que en el periodo 1968—80 la velocidad fue de veintiún periódicos más cada año. A partir de 1980, el número total de periódicos fue de aproximadamente 330. Sin embargo, en comparación con otros campos de la astronomía y la física, la cosmología seguía siendo una ciencia pequeña y poco organizada, dividida entre las dos grandes ciencias de la astronomía y la física. Por ejemplo, no existían sociedades científicas de cosmología, ni revistas dedicadas específicamente a la investigación cosmológica o que llevaran el título de "cosmología" en su nombre. La creciente cantidad de periódicos sobre cosmología se imprimían en las revistas convencionales de astronomía, física y astrofísica. La mayoría de los periódicos críticos de los años sesenta a los ochenta aparecieron en Physical Review, Nature, Science, The Astrophysical Journal, Monthly Notices of the Royal Astronomical Journal, y también en Astronomy and Astrophysics.

Los tres segundos iniciales

Gran parte del trabajo dentro del nuevo marco de la cosmología del "big bang" se preocupaba por el mundo primitivo, que los físicos necesitaban describir en relación con la física fundamental de partículas y atómica. En cierto modo se trata de una continuación de esta estrategia adoptada mucho antes por Gamow y sus colaboradores, pero porque a principios de los años 50, si esa función se producía, la física de partículas había cambiado radicalmente. Los avances en la física de altas energías ofrecían nuevas posibilidades para demostrar las íntimas relaciones entre la física de partículas y la cosmología, dos áreas de las matemáticas que entraron en una relación más jerárquica. El distinguido teórico de las partículas Steven Weinberg aclaró este matrimonio en su bestseller Los tres primeros minutos (1977), donde describe la forma en que el mundo empezó a existir poco después del "big bang".

El flamante campo de la "cosmología de partículas" se convirtió en el patio de recreo de expertos en el concepto de altas energías que, en la mayoría de los casos, tenían formación en conocimientos de astronomía. En 1984, más de doscientos científicos -muchos de ellos jóvenes físicos de partículas y astrofísicos- se reunieron en un seminario sobre "Espacio interior, espacio exterior" en el Fermi National Accelerator Laboratory (Fermilab) de Chicago. Los organizadores de este seminario hablaron de esta nueva revolución en la que la física de partículas pretendía mostrar algunos de los misterios más extraños del mundo, también, decían, "alberga la perspectiva de ordenar el trasfondo del mundo hasta ocasiones tan antiguas como momentos ¡o incluso antes!". Además:

Aunque la primera historia del mundo apenas se está empezando a considerar, las posibles implicaciones radicales son extremadamente evidentes. Podríamos muy bien estar cerca de conocer la mayoría, o incluso todos los detalles cosmológicos que la cosmología convencional ha dejado asolados. Como mínimo, ahora resulta evidente que las respuestas a algunas de las preguntas más acuciantes se encuentran en los primeros momentos del mundo.

Diez años después de la Convención de Fermilab, la simbiosis entre la física de partículas y la cosmología se manifestó en la base de un nuevo diario, Astroparticle Physics, dirigido específicamente al análisis de la brecha entre la astrofísica, la cosmología y la física de partículas elementales.

Un antiguo y notable resultado de este nuevo programa de estudio en cosmología de partículas vinculado a la cantidad de especies de neutrinos. Desde mediados de la década de 1970, se descubrieron dos tipos de neutrinos: el neutrino electrón y el neutrino muón. Podría haber especies de neutrinos, sin embargo, los experimentos no revelaron la cantidad de. Ya en 1977, tres físicos de partículas -Schramm, Steigman, junto con James Gunn- utilizaron información y teoría cosmológica para afirmar que la cantidad de especies de neutrinos no podía ser superior a 6, y tras refined los cálculos se resistió a limitarla a tres. Esta previsión, basada únicamente en argumentos cosmológicos, se confirmó en 1993 cuando los resultados en el

CERN, el centro europeo de física de altas energías, también sugirieron que había tres variedades de neutrino, y más.

La cosmología de partículas ha dado lugar a muchos éxitos de este tipo. Además, las mejoras en la física de alto rendimiento han provocado una comprensión parcial de algunos de los enigmas anteriores de ambas cosmologías: en concreto, el universo está formado por cosas con apenas trazas de antimateria. Desde que Paul Dirac predijo la existencia de la antimateria (positrones y antinucleones) a principios de la década de 1930, este tipo de cosas exóticas habían habitado un mercado en el pensamiento cosmológico. Se suponía que los antinucleones abundaban como nucleones desde el universo más primitivo, y que casi todos ellos podían ahondar en los fotones antes de que el mundo se hubiera expandido hasta una dimensión tal que la aniquilación se volviera infrecuente. El resultado es una aniquilación casi absoluta de la cosa, en evidente contradicción con el seguimiento. La cuestión podría explicarse imaginando un pequeño exceso de materia sobre antimateria en el universo primitivo, sin embargo eso sólo retrotraía la asimetría al estado inicial del mundo, y por tanto no era una explicación verdadera. Otras conversaciones sobre la antimateria en un contexto cosmológico suponían la presencia de un "anticosmos" junto con nuestro cosmos. Desde que el físico atómico Maurice Goldhaber teorizó en 1956:

Deberíamos simplemente suponer que los nucleones y antinucleones fueron creados inicialmente en pares, por lo que muchos nucleones y antinucleones más tarde se aniquilaron entre sí, que "nuestro" cosmos es parte de este mundo donde los nucleones prevalecieron sobre los antinucleones, la consecuencia de alguna fluctuation estadística realmente grande, pagada por un escenario opuesto en otro lugar.

Con el desarrollo en la década de 1970 de un nuevo grupo de conceptos que unificaban las fuerzas electromagnética, débil y poderosa de carácter ('concepto unificado expansivo', o GUT) se vio que tales especulaciones visionarias no eran innecesarias. Las teorías unificadas más recientes no preservaban el número de nucleones (o, más comúnmente, bariones), y sobre la base era posible describir el primer exceso menor de bariones sobre antibariones. El principal impacto de las matemáticas de alta energía en la cosmología fue definitivamente el debut, aproximadamente en 1980, de su llamada situación 'inflationaria'—una noción radicalmente nueva de este primer universo.

Por delante del tiempo de Planck que el mundo se supone que han sido dominados por unos pocos todavía desconocidas leyes de la gravedad cuántica, lo que significa que Pl marca el éxito inicio del concepto cosmológico. Basado en Guth, el mundo comenzó en un país de falso vacío' que se expandió a un ritmo increíble a través de un período de tiempo realmente corto (aproximadamente 10—30 s), luego decayó en un vacío regular filled con energía que estaba caliente. A pesar de la brevedad de esta etapa de inflación, el universo antiguo inflated de la cosa fantástica de aproximadamente 1040. Lo que hizo atractiva la noción de inflación de Guth fue principalmente que logró describir dos cuestiones que la teoría tradicional del "big bang" no abordaba. Una era la cuestión del horizonte: la dificultad de que, desde el universo primitivo, zonas remotas no hubieran podido estar en contacto, es decir, no hubieran podido comunicarse mediante señales luminosas. ¿Por qué el mundo es tan uniforme? Otra dificultad, llamada la cuestión de la flatness, se refiere a la primera densidad del mundo, que debería haber estado excepcionalmente cerca de la importancia crítica para dar lugar al mundo actual. En un par de años la situación inflationaria se popularizó y fue ampliamente aceptada como elemento de esta versión consensuada del mundo. Desde su publicación en Physical Review en 1981, el artículo pionero de Guth sobre la inflación ha obtenido más de 3.500 citas de la literatura científica.

La primera situación de inflación se extendió rápidamente a varias variantes nuevas, algunas de las cuales han sido "eternas" o "desordenadas", lo que significa que funcionaban con inflación dando lugar a un gran número de subuniversos en constante reproducción. A pesar de su excelente poder explicativo, las versiones inflacionarias fueron consideradas polémicas por algunos cosmólogos, que se quejaron de que carecían de base en la física analizada y no tenían relación con las nociones de gravedad cuántica. Además, otros críticos señalaron que no existía un concepto de inflación, sino una amplia gama de versiones inflacionales que comprendían numerosas formas que, tomadas en conjunto, apenas podían falsificarse observacionalmente. A pesar de estas y otras objeciones de carácter científico y metodológico, el paradigma de la inflación siguió floreciendo y manteniéndose como el concepto favorito del primer universo. Hasta ahora, no hay pruebas de que la inflación ocurriera realmente.

A pesar de que los físicos de partículas y los astrofísicos investigaron con ahínco el mundo más antiguo, con la esperanza de comprenderlo hasta el tiempo de Planck, la condición futura del mundo rara vez fue un tema de interés científico. Después de todo, ¿cómo entender exactamente cómo sería el mundo dentro de trillones de años? El paso del calor del que se hablaba a finales del siglo XIX, ¿era la respuesta ideal, o la nueva cosmología ofrecía un potencial más brillante? Desde que el astrofísico británico Malcolm Longair comentara en un discurso en 1985: "El futuro del Universo es un excelente tema para especular después de la cena".36 Aunque esa era sin duda una opinión compartida, en aquel momento varios físicos habían participado en el análisis del futuro lejano del mundo, considerando que el field mayor que simplemente especular después de la cena. Lo que se conoce como "escatología corporal" comenzó en la década de 1970 con el trabajo de Martin Rees," Jamal Islam, Freeman Dyson y un par de otros. Lo que hacían estos físicos era extrapolar la condición actual del mundo a largo plazo, asumiendo de forma conservadora que las leyes de la física actualmente conocidas podrían seguir siendo válidas. El escenario más popular dentro de esta categoría de estudio fue que la instancia abierta, siempre en expansión, en la que la película comenzará normalmente con la extinción de las celebridades y su posterior transformación en estrellas de neutrones o agujeros negros. Incluso después de capítulos en la historia de este mundo—estado 1035 años a partir de hoy—puede implicar procedimientos hipotéticos como la desintegración de protones y la evaporación de agujeros negros.

Algunas de las investigaciones de este universo del futuro lejano comprendían especulaciones sobre la supervivencia de la vida

CAPÍTULO SIETE
EL PARADIGMA DE LA CDM

El progreso de la cosmología de finales del siglo XX no se limitó al uso de la física atómica y de partículas en el mundo antiguo. Al contrario, gran parte del progreso ha sido observacional, gracias a la ingeniería innovadora y a las nuevas generaciones de herramientas de alta precisión. Las observaciones del fondo cósmico de microondas mejoraron notablemente en calidad y cantidad con el lanzamiento en 1989 del satélite COBE, que lleva dispositivos especialmente diseñados para evaluar la radiación de fondo en una amplia gama de longitudes de onda. Los datos del espectrofotómetro del satélite generaron una imagen muy completa de su radiación, confirmando que sólo se dispersaba como radiación de cuerpo negro con una fiebre de 2,376 K.

Mucho más allá, algunas de esas herramientas disponibles en el satélite COBE midieron variaciones en miniatura en el grado del fondo de microondas desde varias direcciones en el espacio. Desde los tiempos de Penzias y Wilson era bien sabido que la radiación era un alto nivel de uniformidad, sin embargo, se había acordado que no podía ser totalmente uniforme, tal como evento la creación de estructuras, finalmente dando lugar a galaxias y estrellas, no habría ocurrido. COBE descubrir o descubierto exactamente lo que se esperaba para: poca densidad o variaciones de temperatura en el mundo primitivo que puede ofrecer las semillas de las que se formaron las galaxias. La variante de densidad característica se convirtió en

$\rho/\!/\rho \sim\, = 10\!-\!5$. Esto se debió a la gran importancia, por varias otras razones, ya que era excelente acuerdo con las predicciones basadas en la versión inflation. En consecuencia, la situación inflationary obtenido en la credibilidad y ha sido, de una forma u otra, aprobado con muchos cosmólogos. En 2006, los principales coordinadores de este extenso trabajo del COBE -John Mather y George Smoot- compartieron el premio Nobel de matemáticas "por su descubrimiento de este tipo de cuerpo negro y de la anisotropía de la radiación cósmica de fondo de microondas". Este es el primer periodo—105 años después de la concesión del Nobel—en el que el premio se ha concedido para investigaciones posteriores.

Mientras que el descubrimiento de las variaciones de densidad en el escritorio de microondas concordaba con las expectativas teóricas, el descubrimiento, pocos años después, del ritmo del mundo supuso una sorpresa para la mayoría de astrónomos y cosmólogos. Ya en 1938, Fritz Zwicky y Walter Baade habían sugerido utilizar las supernovas comparativamente poco frecuentes (en lugar de las variables cefeidas convencionales) para evaluar el crecimiento cósmico en función de la constante de Hubble y del parámetro de deceleración. Sin embargo, transcurrió medio siglo hasta que la idea se integró en un programa de estudio a gran escala, primero con el Proyecto Cosmológico de Supernovas (SCP) y después con el Equipo de Investigación de Supernovas de Alto Z (HZT). Ambas colaboraciones eran globales, la primera estaba situada en Estados Unidos y la siguiente en Australia. Los dos grupos analizaron los desplazamientos al rojo de un tipo específico de supernova denominada de tipo Ia, que puede observarse a grandes distancias.

Aunque el equipo del SCP adquirió inicialmente datos que indicaban un mundo de densidad comparativamente alta sin función en la constante cosmológica, en 1998 los resultados obtenidos por ambos equipos empezaron a converger hacia una imagen del mundo diferente y en su mayor parte sorprendente.37 Una parte importante de esta nueva visión de consenso establecida por el seguimiento era que el mundo se encuentra en un estado de inmersión, utilizando un parámetro de desaceleración $q0 \sim$ respectivamente—0,75. Ideas de la aceleración del mundo se hizo antes—que el first período en 1927, junto con la versión en expansión de Lemaître—pero ese fue el first período que el pensamiento obtenido fuerte ayuda observacional.

Muchos físicos estuvieron de acuerdo en que la fuerza oscura era otorgada por la constante cosmológica, aunque se sugirieron otras interpretaciones. Durante mucho tiempo se entendió que la constante cosmológica de Einstein, traducida en relación con la mecánica cuántica, comparada a la distancia vacía con una tensión negativa, expresada de otro modo, significa una fuerza repulsiva que hace estallar la distancia. La energía relacionada con la constante cosmológica tiene la notable propiedad de que la densidad de potencia (a diferencia de la electricidad) es una cantidad conservada. Esto sugiere que a medida que el mundo se desarrolla, la cantidad total de energía oscura aumenta y se controla cada vez más. El mundo que se acelera es una clase mundial desbocada. Mientras que esto fue entendido públicamente como los años 60, era apenas cerca de 2000 el oscuro—vitalidad se convirtió en un hecho. Mientras muchos físicos y astrónomos lo observaban, se "encontró" la constante cosmológica.

Con el desarrollo de esta nueva imagen del mundo, la naturaleza del poder oscuro se convirtió en una prioridad principal de la física básica. Otra consideración asociada, de una época algo antigua, sería comprender el carácter de la cosa oscura que se demostró que controlaba sobre la cosa normal en una proporción de aproximadamente 5:1 (de la cuestión = 0,28; parte de 0,233 se debe a la materia oscura, la restante 0,047 a la cuestión normal). Ya, alrededor de 1990 se había convenido que la porción significativa de esta cosa oscura misteriosa era "fría", significando que se compone de las partículas que se mueven relativamente gradualmente no identificadas a los experimentadores pero llamadas por el concepto físico. Los contaminantes de la materia oscura fría (MDL) se denominaron conjuntamente WIMPs -'partículas sustanciales de interacción débil'. Muchas de estas partículas hipotéticas se proponen como candidatas a la materia oscura, y también unas pocas son mucho más populares que las demás, sin embargo, la esencia de este elemento de materia oscura sigue sin identificarse. La nueva imagen del mundo, compuesta en gran parte por energía oscura y materia oscura fría, se conoce frecuentemente como la versión CDM o quizás el paradigma CDM.

Cosmólogos y astrofísicos estaban entusiasmados con los nuevos avances, que prometían un nuevo capítulo en la historia de la cosmología. En un artículo publicado en 2003, el jefe del proyecto SCP, Saul Perlmutter, daba voz al entusiasmo:

Vivimos en una época extraña, posiblemente la primera era dorada de la cosmología. Con el avance de la tecnología, hemos empezado a crear dimensiones filosóficamente significativas. Todas estas dimensiones han traído conmociones. El universo no sólo se acelera, sino que parece estar formado por materiales misteriosos. . . Con la década siguiente nuevos experimentos, explotando no sólo supernovas remotas, sino además el fondo cósmico de microondas, lentes gravitacionales de galaxias, junto con otras observaciones cosmológicas, pero tenemos la posibilidad de dar otro paso hacia el "¡Ajá!". Momento cada vez que un nuevo concepto da sentido a sus recientes enigmas.

CAPÍTULO OCHO
NARRANDO LA HISTORIA DE LA FÍSICA

Los inicios de algo así como un registro conectado de esta ciencia que actualmente se denomina física podrían situarse con sustancial definitividad en torno al inicio del siglo XVII y también relacionarse con el excelente título de Galileo. Obviamente es cierto que durante varios siglos se conocieron innumerables hechos aislados que actualmente se incluyen entre la información de la ingeniería; y se inventaron y utilizaron muchos recursos y máquinas simples que actualmente se consideran aplicaciones de principios físicos. Incluso el hombre antiguo conocía algunos de ellos, lo que le reportó un beneficio realmente excelente. Sin embargo, con una excepción importante que se ha dicho anteriormente, no ha habido, en el mundo primitivo, ningún cuerpo vinculado de conocimiento dentro de esta área que se pueda llamar correctamente científico. En este sentido, la física difiere de las matemáticas, o la astronomía, la historia o la medicina, cada uno de los cuales comenzó su vida contemporánea con un almacén de la comprensión científica que se obtuvo y el lugar en orden antes del Renacimiento. La causa de esta distinción debe ser vista en el simple hecho de que el avance de la física depende de casi en el paso uno, en la técnica de la experimentación como distinguido por el procedimiento de la supervisión. Por muchos motivos emocionales desconocidos, el reconocimiento de las posibilidades de la experimentación como instrumento intelectual y la capacidad de generar uso de su método parecen bastante tardíos en el trasfondo del perfeccionamiento humano.

Un par de personas como Arquímedes la practicaron y comprendieron, y es difícil saber por qué la semilla que sembraron resultó estéril. Inhibiciones particulares, frecuentes (a pesar de sus temperamentos muy diferentes)} en los griegos, los romanos y también los tipos de la Edad Media, parecen haber evitado que la enfermedad se extendiera fuera de los focos iniciales. No tengo ninguna idea que ofrecer sobre el origen de la eliminación de esas inhibiciones a lo largo de los siglos XVI y XVII; sin embargo, sea cual sea la razón, creo que todos tenemos que darnos cuenta de que en esa época hizo su aparición en el universo intelectual una variable fresca que ha vivido y se ha desarrollado y ha generado resultados trascendentales. Algunos de ustedes sin duda estarán dispuestos a cuestionar la novedad que he atribuido a los planteamientos utilizados por Galileo y sus sucesores. Usted puede decir con el hecho de que los chicos están experimentando porque mucho antes de los albores de la historia; esto por medio de que mejoraron sus armas de fuego, alimentos, ropa, vivienda y forma de transporte por lo que la ventaja masiva en el medio ambiente de sustancias que el romano de la edad de Augusto necesario en el antiguo habitante de la cueva con razón podría ser considerado como el efecto de un largo camino de la experimentación innovadora. Sin embargo, lo que he, por el interés de producir una diferencia, conocido como el método experimental de la ciencia es una entidad realmente diferente en el lento avance empírico de aparatos y herramientas que se produjo antes del comienzo de la edad contemporánea. Los 2 tipos de acciones difieren básicamente en los ítems que intentan alcanzar y en la forma que adoptan para el logro de los propósitos.

El desfase de objetivos queda muy bien ilustrado por un comentario de Galileo al principio de una de las funciones principales, el "Diálogo sobre dos ciencias nuevas". Declara que ha pensado que los obreros de un almacén fantástico como el Arsenal de Venecia deberían saber muchas cosas que son de excelente ayuda para los filósofos cuando se les pudiera persuadir de que las utilizaran. En realidad, él toma estos conocimientos de los obreros, obtenidos por el procedimiento empírico anticuado, y los aplica para un propósito porque no habían sido utilizados anteriormente; para buscar, por ejemplo, algo relativo a las leyes y regularidades que regulan la fuerza de las sustancias y su dependencia de las dimensiones y el contorno del elemento considerado. La comprensión así obtenida puede o no ser útil para este obrero, sin embargo fue de excelente consecuencia para la biblia. Cada experimentación científica tiene un objetivo de este tipo, es decir, cada uno que puede ser correctamente conocido como un experimento, que tiene en él un elemento de imaginación y experiencia a lo desconocido y que no es una mera evaluación regular por técnicas conocidas. Su objetivo es mucho más general que el avance de un instrumento o un teléfono y, debido a su generalidad, podría hacer más por mejorar los instrumentos y procedimientos en áreas muy diversas de la empresa que decenas de miles de experimentos del tipo "cortar y probar" que se extienden a lo largo de varios siglos. El ritmo de crecimiento que conduce a esto puede ser suficientemente obvio en el trasfondo industrial de las cien décadas anteriores. Su continuidad, sin embargo, está condicionada a la retención de esta mentalidad del filósofo de Galileo; puede echar un vistazo con el rabillo del ojo a los subproductos de su trabajo, pero no debería pensar que muchos de ellos también necesitan permanecer claramente a la vista de su propia tarea filosófica.

Como ya se ha dicho, el procedimiento experimental contemporáneo es diferente del empirismo antiguo tanto en el proceso como en el objetivo. El verdadero experimento es sólo una parte del procedimiento y no llega primero en mucho tiempo antes de que pueda iniciarse ventajosamente, tiene que haber mucha consideración cuidadosa y planificación que frecuentemente conlleva matemáticas y justificación deductiva del tipo muy anticuado. Pero en este deporte no hay peligros ni principios artificiales, como los que los griegos eran aficionados a tropezar en cuestiones matemáticas. Cualquier tipo de lógica (o incluso la ausencia de ella) es permisible porque la última prueba será ser la experimentación en lugar de la coherencia del debate; será una evaluación de sus supuestos no menos en comparación con este procedimiento de justificación. Los mejores maestros son los individuos que hacen uso de procesos aparentemente no lógicos: intuiciones y "corazonadas" que posiblemente sean el resultado de una justificación subconsciente a partir de información pero tenuemente percibida. El experimento en sí es una observación realizada bajo estados altamente sintéticos y estrechamente cuidados, y es esto lo que proporciona al método su mejor ventaja sobre el fácil seguimiento de los fenómenos naturales. Esto puede ejemplificarse bien con el trabajo de Galileo sobre los fundamentos de los mecanismos y en su utilización a la situación específica del movimiento de los cuerpos. Siglos de observación inevitable del traslado de los cuerpos habían contribuido a que no se tuviera una idea correcta de las leyes fáciles que subyacen a su comportamiento, ya que estas leyes estaban oscurecidas por la consecuencia de la fricción, una afección secundaria de la cuestión.

Los experimentos de Galileo consistían en reducir esos efectos antes de poder detectar la naturaleza legítima de los fenómenos. El famoso experimento de la Torre Inclinada de Pisa fue una demostración impresionante de una sola etapa de su concepto destinada a rebatir a sus críticos aristotélicos; sin embargo, los importantísimos y abundantes experimentos fueron organizados de forma bastante sencilla con el apoyo de trozos de hierro, probables huellas, clavos, tablas y trozos de cuerda. Con el material más sencillo sentó las bases de la dinámica y, junto con ella, todas las de la ciencia real en su conjunto. Lagrange opina que las contribuciones de Galileo a los mecanismos "no le trajeron a su vida tanta estrella como estos descubrimientos que hizo con respecto a la máquina de la tierra, sin embargo son hoy en día el área muy duradera y actual del atractivo del hombre excelente. Los descubrimientos de los satélites de Júpiter, de estas etapas de Venus, de las áreas del sol, etc., tenían sólo telescopios junto con la asiduidad; pero el genio excepcional fue requerido para desenredar las leyes del carácter en los acontecimientos que están sucediendo constantemente debajo de nuestros ojos, sin importar la excusa había eludido constantemente la búsqueda de filósofos."

El mundo estaba preparado para la construcción que se levantó sobre los cimientos puestos por Galileo. De otra generación, Torricelli en Italia y Pascal en Francia revelaron mediante audaces razonamientos y experimentos que el horror vacui de la Naturaleza se debía a la carga del aire; mientras que Guericke en Alemania y Boyle en Inglaterra encontraron otros aspectos vitales de los gases. En dinámica, la serie principal recayó en Christian Huygens de Amsterdam, un filósofo puro de bastante posición y también digno sucesor de Galileo. Terminó el concepto del péndulo y también de su uso determinó la velocidad de la gravedad; ideó y construyó que el reloj de péndulo y escape, encontró los teoremas de la fuerza bruta, también fue el primero en utilizar lo que actualmente se conoce como el principio de vis viva o poder cinético. Sus investigaciones sobre la óptica también son de gran importancia y fue uno de los primeros defensores de la teoría ondulatoria de la luz. Intentar dar en una pequeña parte de una conferencia un relato decente de estas poderosas acciones de Newton es, naturalmente, intentar lo imposible. Afortunadamente, los principales atributos de sus logros son tan conocidos que una breve recapitulación es todo lo que resulta esencial. Producido en 1642, el año de la muerte de Galileo, su brillantez creció con extraordinaria rapidez. Al parecer, es bastante seguro que las secciones vitales de sus asombrosos descubrimientos se hicieran antes de que él hubiera cumplido veinticinco años, aunque casi todos ellos se imprimieron mucho más tarde. El retraso se ha debido en parte a la falta de comodidades para la novela, pero en gran parte a la cautela de Newton en la afirmación y en el ejercicio de todos los impactos probables de las hipótesis. Su primer gran descubrimiento (producido a partir del año en que obtuvo la licenciatura en Cambridge) fue que los "procedimientos directos e inversos de fluxiones" que puede ser en todo lo esencial idénticos a todos los del cálculo diferencial e integral, pero utilizando una notación menos adecuada y gratificante.

Este descubrimiento va naturalmente sobre todo a la fundación de matemáticas; pero la astronomía y la física podrían demandarla como perteneciendo parcialmente para ellas por 2 razones; inicialmente, puesto que era que las exigencias de sus ediciones que condujeron derecho en él y después, puesto que era un instrumento totalmente en- dispensable para sus descubrimientos sensoriales y sensoriales de Newton y de sus sucesores. Precisamente en la misma temporada (1665) Newton "empezó a pensar que la gravedad se extendía hasta el orbe de la luna"; poco después descubrió, entre las leyes de Kepler, que las fuerzas que mantienen a los planetas en sus órbitas debían variar inversamente al cuadrado de las distancias a la luz solar. Utilizó esta regla en la tierra y la luna y descubrió que un acuerdo aproximado entre la fuerza necesaria para mantener la luna en su órbita junto con también el poder de la gravedad en la superficie del planeta. "Todo esto", dice Newton en la vida después, "fue en los dos años de la peste de 1665 y 1666, porque en esos tiempos yo había estado en la flor de mi edad para la innovación, y orientado las matemáticas y la filosofía sobre siempre porque." A lo largo de los veinticinco años que transcurrieron antes del libro de los Principia en 1687, Newton, en medio de diferentes obligaciones y también de investigaciones sobre otras áreas, recurrió repetidamente a las cuestiones astronómicas y dinámicas que habían ocupado su joven atención. Fue justo al cabo de diez u ocho años cuando aclaró los problemas de la fuerza bruta (los trabajos anteriores de Huygens le eran entonces desconocidos) y, en consecuencia, descubrió que las dos legislaciones restantes de Kepler eran impactos de su ley literaria. En las tres o cuatro décadas anteriores de este intervalo considerado parece haber trabajado en la maduración del tema y también haber encontrado que el elevado número de teoremas y conexiones significativas que hacen de los Principia el libro más minucioso y sobrecogedor de la historia de la ficción matemática.

En todo ese trabajo se encuentran 3 flujos de descubrimientos que podrían dividirse mediante un análisis lógico, pero que están tan estrechamente entremezclados que no es fácil determinar cómo alguno de ellos podría haber ido sin otros dos. Nadie ha estado en condiciones de pensar que Newton podría haber ampliado la dinámica galileana a los complejos movimientos de los planetas con la ayuda del método de los fluxiones o su equivalente; y nada podría haberse logrado sin el conocimiento de la ley de la gravitación. Por otro lado, la alternativa de las cuestiones astronómicas necesitaba y facilitaba una formulación más precisa de estos fundamentos de los mecanismos que la que Galileo estaba en condiciones de proporcionar; aunque matemáticamente complicadas, son más sencillas que las cuestiones terrestres, ya que no existen fuerzas de fricción o disipación considerables; además, proporcionan evaluaciones y verificaciones de ambas leyes dinámicas de una precisión mucho mayor que la que podría obtenerse de cualquier otra manera. En estas circunstancias parece inútil tratar de elegir si las matemáticas son las más deudoras de

Newton por su formulación de estas leyes del movimiento, por su descubrimiento de la ley de los cuadrados inversos, o incluso por la creación del cálculo fluxional. Una de esas tres (aunque podría haberse generado por sí sola) podría haber hecho inmortal su nombre; incluso el simple hecho de que debamos tres a un solo individuo le sitúa en un pináculo de grandeza al que no se ha acercado ninguna otra persona de las matemáticas. No debo olvidar mencionar también las contribuciones de Newton a los carteles que, aunque no son de la relevancia básica de las que venimos hablando, fueron dignas de quien las escribe. Sólo quiero recordar que investigó la composición de la luz blanca, los colores de las películas delgadas, la difracción, así como las posibilidades del acromatismo en los telescopios refractores. Él no era infalible, por lo que determinó que no había sido posible generar un refractor acromático, y alentó que la teoría corpuscular de la luz de la teoría ondulatoria de Huygens.

En ambos casos, pero las pruebas accesibles de su época apoyaban ardientemente su postura y creo que fue , en lugar del mero poder de su título, lo que hizo que la idea corpuscular predominara a lo largo del siglo siguiente. A partir del siglo XX la evolución de los mecanismos y de la teoría atmosférica ha sido llevada a cabo tanto por Bernoullis, Euler, Clairaut, d'Alembert como por muchos otros. Este crecimiento alcanzó su culminación cerca de la conclusión del siglo en el libro de Lagrange "Mecanique Analytique" y también el "Mecanique Celeste" de ambos Laplace-obras que para la completitud y la conclusión han sido raramente o nunca superadas. El periodo no se caracterizó por descubrimientos frescos de primera magnitud sino por el cuidadoso trabajo a partir de estas teorías basadas en Galileo y Newton y también por el perfeccionamiento de los procedimientos matemáticos para el manejo de cuestiones complejas. Es una preparación encomiable para su excelente estallido de descubrimiento que comenzó hacia el final del siglo XIX también se ha continuado aún más prominente de las primeras décadas del Templo. En diferentes ramas de la física, así como en la química, entonces la tierra estaba siendo preparada de otra manera por la acumulación de detalles experimentales y conexiones que hicieron la materia prima para aquellas generalizaciones de este intervalo que iba a surgir, también sirvieron como puntos de partida para un progreso notable. Es necesario pues volver y también seguir brevemente la longitud de sus flujos tributarios de descubrimiento que iban a unirse en breve con la corriente clave. Habrá que pensar en lo que se aprendió sobre el magnetismo, la energía, el calor y la luz. Ya los antiguos conocían la curiosa propiedad que tenía la piedra de Magnesia de atraer el hierro, y sabían que cuando se frotaba el ámbar atraía trozos de paja, así como otros cuerpos blandos. Nada vino de esta comprensión por siglos; sin embargo en una cierta época desconocida antes de las Cruzadas, la tierra norte-que buscaba de la aguja magnetizada había sido detectada junto con el compás del mariner era primero - ventilada.

La ciencia del magnetismo fue realmente casi la única sección de la física que hizo algún progreso a lo largo de la Edad Media. Desde el siglo XIII, Petrus Peregrinus de Picardía, experimentando con una piedra redonda de lode junto con una aguja, descubrió que la piedra poseía dos "palos" que parecían ser la silla de su energía cinética. Sin embargo, el verdadero creador de la ciencia magnética y eléctrica fue William Gilbert de Colchester, médico de la reina Isabel. Veinticuatro años mayor que Galileo", Gilbert debe ser considerado entre los líderes de este procedimiento experimental. Su trabajo no tuvo la extensión y profundidad que reconoció el excelente italiano, ni sus implicaciones fueron tan instantáneas y radicales; fue, sin embargo, un experimentador realmente científico y, aun pensando en la época en que vivió, hay que respetarlo como un prodigio de creatividad. Demostró de forma muy convincente que el comportamiento de la brújula se debía al simple hecho de que la Tierra era un excelente imán. Durante dos décadas se supuso que la luz era capaz de excitarse con la fricción para atraer a diferentes cuerpos; Gilbert descubrió que muchos cuerpos podían excitarse así y entre ellos estaban esos materiales de uso común como el vidrio, el azufre y la resina. Sus razonamientos eran sólidos, e inventó una teoría de los "efluvios eléctricos" que fue útil a la ciencia eléctrica durante mucho tiempo. A lo largo del siglo XX que la comprensión experimental tanto de la energía y el magnetismo mejorado rápidamente. La conducción de este estado por los compuestos fue detectada por Stephen Gray; el tarro de Leyden primero fue ideado; du Fay descubrió que había dos otros estados de la electrificación que él predijo vítreo y resinoso y éstos actuaron, comparado a las súplicas y a las repulsiones, tales como los 2 polos de un imán.

América hizo su primera contribución a la física en el trabajo extremadamente importante de Benjamin Franklin. Hacia el final del período de acción las doctrinas de los efluvios eléctricos y también de los vórtices cartesianos fue reemplazado con el concepto de que las fuerzas detectadas se debieron a la actividad a distancia que implica costos de un fluido eléctrico y la cosa (Franklin) o en alguna actividad similar que implica dos fluidos (Coulomb). Finalmente la ley de la versión de la fuerza junto con el espacio fue determinada por Coulomb y descubierta para funcionar como términos cuadrados inversos familiares a Newton. La legislación idéntica fue revelada por Coulomb para aguantar a las impulsiones entre los palillos magnéticos también; y uno dos o tres, fluidos magnéticos necesitó ser basado en cuentas para la variación en el poder de imanes. Verdaderamente el uso del concepto atmosférico a tales fuerzas dejó inevitable que el debut de estos fluidos imponderables para seleccionar el área de las masas de sustancia que juegan la función idéntica en la instancia de gravitación. Ya he mencionado temporalmente los experimentos de Newton en su adhesión a la teoría corpuscular donde había sido seguido de cerca por la mayoría de los filósofos. Esto introdujo el siguiente "imponderable" que sin embargo se suponía que incluía corpúsculos diferentes demasiado diminutos en lugar de un fluido constante. Se descubrieron muchos fenómenos ópticos significativos. Descartes había dado a conocer los principios matemáticos de la refracción que, sin embargo, no fue su propio descubrimiento, sin embargo, ha sido transportado a él Snell de Leyden; Newton detectado y traducido correctamente el carácter compuesto de la luz blanca y la investigación de los casos más fáciles de difracción y de lo que actualmente se conoce como obstáculo; Huygens había detectado doble re- por ciento en Islandia chispa y otorgó la justificación de la misma (sobre el concepto de onda) que sigue presente, y también se dio cuenta de las 2 vigas que habían pasado a través de la chispa difería de la otra .y de la luz normal de la manera extraña que indicamos llamándolos polarizados. Falta tiempo para casi cualquier discusión de esos argumentos inventivos por los dos conceptos rivales de la luz habían sido animados.

El análisis cuantitativo del calor comienza con la construcción del primer termómetro de Galileo, un termómetro de aire muy sensible pero de diseño incómodo. Las mejoras de una forma u otra fueron producidos por muchos chicos junto con la fijeza de determinadas temperaturas (como la de fusión del hielo) se ha creado. Los primeros termómetros realmente fiables fueron producidos por Fahrenheit a partir del primer cuarto del siglo XIX. Cada uno de los antiguos experimentos térmicos y conceptos han sido perplejos con el fracaso para diferenciar claramente entre las temperaturas y la cantidad de calor, y de las diferencias buenas y aparentemente caprichosas entre las capacidades de calefacción, o calores especiales, de materiales únicos. Estas cuestiones fueron finalmente aclaradas de forma magistral por Joseph Black hacia el final de la época en la que estamos pensando. Creó mediciones calorimétricas en una empresa y demostró muy claramente que en tales experimentos el sistema de calentamiento actúa como una sustancia química que pasa de 1 cuerpo al siguiente y ocasionalmente se vuelve "latente" durante algún tiempo (como el hielo se derrite) pero que no se destruye ni se crea. Estas conclusiones son exactas dentro de la selección de todos los experimentos de Black; también era apenas en una fecha subsecuente que las excepciones se han considerado como de significación terrible y no explicables engatusando a la latencia o en una cierta versión en capacidad de calefacción. Lo que se entendía en ese momento justificaba plenamente un concepto significativo del calor como la teoría más práctica disponible; y en consecuencia, otro fluido imponderable requería su posición como un artículo encomiable y valioso del credo del físico. Se hicieron muchos esfuerzos infructuosos para demostrar la individualidad de algunas de esas hipotéticas sustancias. Así, debido a los sucesos del calor incandescente, se había sugerido situar el calórico junto con todos los corpúsculos de luz; sin embargo, el simple hecho de que la luz atravesaba el vidrio mientras que el calor incandescente no, seguía siendo una barrera insuperable para este punto de vista.

Había constantemente en el fondo que el riesgo que la luz y el calor eran clases de movimiento, pero en el tiempo actualmente bajo consideración las teorías significativas llevaban a cabo definitivamente el área. Esta condición de cosas causó fronteras bastante agudas entre diversas áreas de la física y frustró que la tendencia natural a utilizar los fundamentos de la dinámica (que por ahora había comenzado a parecer casi instintiva) a otros fenómenos fisiológicos. No existía ningún estímulo fantástico para utilizar los fundamentos de la mecánica en los imponderables; por mucho que la experimentación demostrara que carecían no sólo de la conspicua propiedad de carga, sino también de la característica dinámica tan crucial de la materia regular, la inercia. La manera fértil de manejarlos sería elegir como, postulados al desarrollo matemático del tema conexiones empíricas específicas tan simples y básicas como se pueda. No fue hasta la constitución de la conservación de la potencia a finales de los años cuarenta del siglo XIX que se rompieron los obstáculos entre las diversas "fuerzas físicas". El período intermedio sin embargo fue, entre excelente descubrimiento en la física matemática y experimental.

En el concepto de calor hay que señalar al menos dos funciones de la época. En 1822 Joseph Fourier escribe su Theorie Analytique de la Chaleur una obra de genio que ha tenido un profundo impacto en casi todas las ramas de las matemáticas teóricas y también en las matemáticas puras. Una ocasión más trascendental en la historia de las matemáticas ha sido el libro de 1824 de Carnot R6flections sur le Puissance Motrice du Feu. Su propósito principal era el análisis de la eficacia de las máquinas de calor, que últimamente había llegado a ser un tema de atención debido a la creciente utilización de esta máquina de vapor ideada por Newcomen y Watt. En este trabajo, Carnot utiliza una analogía: la creación de trabajo a través de un motor puede considerarse debida a la caída de calorías de una temperatura más alta a una más baja, al igual que la utilización de un molino de agua es el resultado de la caída del agua de un grado más alto a un grado más bajo. Él sigue un plan de razonamiento tan fácil y a la vez tan poderoso que suena motivado; se basa en la negación de la posibilidad de un movimiento sin fin que incluso en el punto era una realidad empírica bastante firmemente establecida debido al persistente fracaso de los intentos de generar tal movimiento. Por lo tanto, determina el principio general que actualmente se denomina "segunda ley de la termodinámica" y que tiene una aplicación mucho más amplia de lo que habrían imaginado Carnot o algunos de sus contemporáneos. Pues ocurre que casi todos los sucesos del mundo físico se producen mediante una evolución o absorción de calor y, en consecuencia, están sujetos a la ley. Modula toda respuesta química, como reveló Willard Gibbs cincuenta y cinco décadas más tarde, así como los procesos químicos y físicos de la existencia. Pone límites a las especulaciones cosmológicas, así como a las predicciones sobre el futuro de la raza humana. No se ha detectado la más mínima desviación de la misma y la probabilidad de estas desviaciones es tan instantánea que debe considerarse entre las más firmemente establecidas de la verdad científica. Volviendo a la electrostática y el magnetismo ese intervalo estuvo marcado con la progresión de los efectos matemáticos del descubrimiento de Coulomb la ley del cuadrado inverso se aplica a esas fuerzas.

Gran parte del concepto atmosférico se podía obtener sobre recta mientras que las aplicaciones distintivas a la energía se crearon a partir de Poisson, Green, así como muchos otros. Mientras tanto, otro par de fenómenos eléctricos habían surgido. En 1791 Galvanithe profesor de fisiología en Bolonia, dio un informe sobre sus propios experimentos sobre la regeneración de las patas de vaca tocado con dos metales distintos en cadena, así como con mucha habilidad, apoyó la opinión de que había sido una manifestación eléctrica. Naturalmente supuso que la fuente de la perturbación eléctrica estaba en las células animales. Esto fue combatido anualmente después por Volta que llamó la silla de sus fuerzas implicadas a esta línea de contacto entre los metales correspondientes, también dio la buena prueba que eran eléctricos. Las consecuencias sin embargo eran absolutamente poco, y la atención flaqueó hasta 1800 una vez que Volta inventó el "montón" por medio de eso los resultados absolutamente apreciables pueden ser encontrados. En la misma época, Nicholson y Carlisle en Inglaterra, jugando con la pila voltaica, detectaron la descomposición del agua por agitación y poco después Humphrey Davy innovó el concepto químico de esta pila, que, tras varios años de batalla, finalmente sustituyó al concepto táctil de Volta. Se produjo un progreso muy rápido en el conocimiento de la corriente eléctrica, de las pilas y de este procedimiento electrolítico. Estos experimentos produjeron un impacto muy profundo sobre la química durante el concepto electroquímico de Berzelius; sin embargo, aunque eso ha sido entregado, las muchas nociones modernas tienen, en otro tipo, de acuerdo en la creencia de que las fuerzas compuestas son de fuente eléctrica. Muchos esfuerzos fueron hechos para detectar un cierto acoplamiento entre los fenómenos de la energía y la gente del magnetismo pero habían descuidado antes de 1820 una vez que Oersted de Copenhague detectó y explicó correctamente la actividad de una corriente eléctrica sobre un imán atraído cerca de él. Cuando la información del seguimiento llegó a París, Ampere comenzó la colección de investigaciones que iba a dejar su nombre inmortal en la ciencia.

Dentro de una semana él había demostrado a la academia las atracciones y las repulsiones de corrientes; y a través de las tres décadas subsecuentes que sus experimentos experimentales y matemáticos coloridos pusieron una fundación cierta y del negocio para varios de los progresos siguientes en electrodinámica. Como era de esperar, estableció sus investigaciones a la versión newtoniana, utilizando presente - componentes que actúan unos sobre otros por fuerzas en la línea que los une. Una vez más, la legislación fue demostrada para ser el cuadrado inverso; sin embargo, que los elementos que traían eran cantidades llevadas agregó varios problemas que, en la nación de la ciencia matemática en aquel momento, dieron el alcance considerable en el "Newton de la energía" para la pantalla de su brillantez. Las relaciones vectoriales incluidas con el anuncio de la dificultad desencadenaron una indeterminación que posteriormente dio lugar a una gran cantidad de competiciones al término de Ampere para la fuerza entre los elementos de corriente. Todas ellas daban exactamente el mismo efecto cuando se incorporaban en torno a circuitos cerrados susceptibles de experimentación; y nadie conseguía formular experimentos que pudieran discriminar entre ellas. Entre esos conceptos de competencia, que de Weber, es intrigante por ser en ciertos aspectos como el concepto moderno de electrones.

Grande como es el hecho de que la tradición eléctrica debe en Ampere, es superado por su propio deber a Faraday cuya exuda capacidad experimental y la comprensión instintiva de su carácter interno de los fenómenos siguen siendo la maravilla y la admiración de los hombres de ciencia ficción. A los veintiún decenios había sido un oficial encuadernador que se había enseñado a sí mismo en cierto nivel estudiando las novelas que le habían adjudicado para encuadernar. La Enciclopedia Británica despertó su curiosidad por las matemáticas y puso en práctica a Davy para trabajar en la Royal Institution. Por numerosos años, desde ayudante de Davy, su trabajo principal era química; sin embargo el descubrimiento de Oersted dio vuelta a su cabeza con respecto a energía y después había sido su área principal del trabajo. En 1831 se fue el descubrimiento de la financiación de esta inducción de electrones que no es sólo de la consecuencia muy básica en el concepto de electromagnetismo sin embargo es la base de los innumerables usos prácticos de la energía a las aplicaciones de chico. De sus descubrimientos más diferentes citaré sólo 2; las leyes cualitativas de la electrólisis que mantienen su nombre y dieron los primeros indicios de una teoría nuclear de la energía, y también la capacidad inductiva específica de los dieléctricos. Debido a las deficiencias de su escolarización temprana, Faraday nunca obtuvo el método de este matemático. Sin embargo, como ha señalado Maxwell, su cabeza estaba admirablemente dotada para manejar relaciones cualitativas. Resistió la incapacidad bajo la que soportó inventando sus propias formas de reflejar el aspecto cuantitativo de los fenómenos-métodos que no sólo le permitieron alcanzar su victoria sin paliativos para un descubridor, sino que son tan beneficiosos para otras personas que han mantenido el área en la educación básica en electromagnetismo además de en las cuestiones más complejas de la ingeniería moderna. Sus líneas de fuerza habían sido para él cosas reales y se imaginaba todas las potencias como enviadas de un punto a otro en un medio constante.

La noción de acción a distancia le repugnaba. Sin embargo, como a muchos físicos, a Faraday no le seducía, como a la mayoría de nosotros, utilizar las fuerzas espaciales por su ventaja matemática y escapar así a los prodigiosos problemas de imaginar un moderado con las propiedades vitales para dar cuenta de sus fuerzas. Los prejuicios de Faraday han tenido efectos significativos en otra generación como veremos cuando volvamos a hablar de Maxwell. El año 1800 es una fecha significativa en la historia de la bondad porque es debido a la energía para en este año Thomas Young tomó los garrotes a la teoría de onda de la luz que era casi enteramente descuidada porque el período de Huygens. En el año siguiente aclaró los colores de las películas finas (anillos de Newton) con la manera de esta "perturbación" de ondas y en 1803 él aplicó la misma noción exacta a las ediciones particulares de la difracción, no obstante en un sentido que entonces fue probado para ser incorrecto. Se había visto atraído por una controversia con todo el sorprendente Laplace que había elaborado un concepto de doble refracción sobre la base corpuscular; y también durante una docena de años o incluso más Youthful encontró poca empatía y apoyo debido a sus perspectivas entre los hombres científicos de reconocida reputación. La justificación de la difracción no era satisfactoria; no había ninguna excusa para la polarización porque las ondas en el éter tenue y fluido se suponían naturalmente compresivas como las ondas sonoras en la atmósfera; además, exactamente por la misma razón, ninguna explicación decente para la doble refracción parecía ser posible.

El defecto inicial fue rectificado por el trabajo de Fresnel, presentado en la Academia de París en 1816, donde el escritor inició ese brillante conjunto de investigaciones matemáticas y experimentales que dejaron el concepto de marea totalmente victorioso sobre su rival. También dio el concepto legítimo de difracción por una rendija junto con un cable y reveló que concordaba con las consecuencias de sus dimensiones experimentales. Poisson, que había sido entre los árbitros del periódico, señaló que el evento fatal que la idea de Fresnel tomaría un lugar brillante en el centro específico de la sombra de una cosa redonda. Sin embargo, después de someter la cosa a la prueba de la experimentación en circunstancias apropiadas, se descubrió el punto brillante y esto, obviamente, generó una respuesta a favor de la teoría de Fresnel. Parece ser que fue Young quien dio el atrevido paso de indicar que las vibraciones de las ondas leves eran las que permitían aclarar la polarización. Fresnel retomó simultáneamente esta propuesta y triunfó al poner en consonancia todos los entresijos de la re- poración manifiesta, como la de los cristales biaxiales, descubierta varios años antes por Brewster y que constituía un escollo para otras nociones. Más tarde retomó el concepto de re-porción por cuerpos normales claros con igual éxito; también porque la conclusión de la serie de memorias ha habido una duda en la mente de cualquier individuo capaz de que la luz obtiene las propiedades cinemáticas del movimiento ondulatorio transversal. En la faceta dinámica, sin embargo, las cosas no estaban tan claras. Sólo un fuerte podía transmitir ondas elásticas transversales y era difícil pensar que el éter pudiera ser un fuerte y permitir el libre movimiento de los cuerpos materiales sin la menor resistencia detectable. Este es el origen de la fantástica dificultad de la presencia y propiedades de este éter, un problema que ha excitado el ávido interés de los físicos durante varios cientos de décadas y que continúa entre nosotros. Varios de los descubrimientos más esenciales, tanto matemáticos como experimentales, han surgido de los esfuerzos realizados durante su alternativa. Estimuló el análisis matemático del concepto de sólidos y de la aplicabilidad del concepto a los sucesos de la luz.

El trabajo de Gauchy, Green, McCullagh, Stokes y Kelvin en esta disciplina posiblemente podría afirmarse que, han generado una nueva era en la física matemática y en las matemáticas en sí; para el tratamiento de la prensa constante métodos necesarios que diferían en varios aspectos de la propia a las fuerzas espaciales de esta forma newtoniana. Fue el primer esfuerzo para emplear en todo rigor que los fundamentos de la dinámica a los fenómenos normales fuera de la zona limitada de mecanismos apropiados. No era absolutamente de gran alcance, pero casi había estímulo continuo. Tendremos tiempo para comprobar en otra etapa del galante ataque a los misterios de la Naturaleza una vez que lleguemos a ocuparnos del trabajo de Clerk Maxwell. Hacia el centro de este siglo se produjo el descubrimiento trascendental de la conservación de la energía, que llevó a todos los tipos de fenómenos químicos y físicos a una conexión mucho más íntima entre sí de lo que se había supuesto anteriormente. De paso, reforzó considerablemente la tendencia, de la que ya he hablado, a buscar una base estrictamente dinámica para la mayoría de estos sucesos. El descubrimiento surgió sobre todo al reconsiderar la naturaleza del calor, y su trasfondo es realmente curioso e intrigante, por lo que comprendo con tristeza la imposibilidad de dar cuenta de ello adecuadamente en el marco de esta conferencia. Como hemos observado, la creencia el calor era un fluido significativo había estallado por varios años y había establecido inestimable; pero había una sensación (ampliando de nuevo a la época de

Hooke y de Newton) que puede ser una consecuencia del movimiento - posiblemente de esas partículas finas de que la cosa estándar fue compuesta, o aún de luz-corpúsculos dentro de cosa. En la conclusión del vigésimo siglo, el conde Rumford había dejado los experimentos que deben haber comenzado cosas en la dirección perfecta pero habían sido despedidos. El propio Carnot, incluso en ciertas notas póstumas que no se imprimieron hasta 1878, dio un resumen tan aparente del concepto auténtico que no podemos pasar por alto que el curso de la ciencia habría cambiado considerablemente, como opina Mach, si Carnot no hubiera muerto de cólera en 1832.

La teoría calórica ha sido finalmente derrocada a partir de los trabajos de sólo dos tipos, Mayer y Joule, muy independientemente y teniendo al principio cierta comprensión del trabajo de otro. Mayer, un médico judío de Heilbronn, comenzó su proceso de justificación utilizando el seguimiento que cerebral es un rojizo más oscuro en climas tropicales que en climas templados. Ignorante del lenguaje de la física, no pudo darse a conocer al principio y soportó varios desaires en efecto. Sin embargo, su persistencia fue sublime; incluso aprendió a componer para que los físicos pudieran comprenderle, descubrió experimentos abandonados y, finalmente, sin experimentos propios, dio pruebas concluyentes de su concepto y adquirió una gran importancia del equivalente mecánico del calor. Difícilmente podría haber un contraste mayor que el existente entre él y su compañero de descubrimientos. Joule ha sido un cervecero de Manchester y aficionado a las matemáticas, algún hábil y verdadero experimentador que año tras año cambiaba pruebas cualitativas irrefutables de esta equivalencia entre trabajo mecánico y calor en todo tipo de no - formaciones. Un tercer colaborador para asentar el nuevo concepto sobre una base firme fue Helmholtz, cuya célebre memoria de 1847 demostró ciertamente la generalidad de este novísimo principio y su aplicabilidad a todas las ramas de las matemáticas; también le dio una formulación matemática apropiada y exhibió su excelente fuerza para descubrir relaciones entre fenómenos de tipos aparentemente diferentes. El siguiente paso fue la reconciliación de este nuevo principio con el de Carnot, y se demostró que era bastante difícil. Desconcertó a Kelvin durante muchos años y pospuso toda su adhesión al concepto de Joule; finalmente, vio su camino con claridad y como consecuencia de su trabajo y del de Clausius el concepto contemporáneo se fijó sobre ambos principios que coexisten desde las leyes primera y segunda de la termodinámica.

Ambos principios filosóficos son muy probablemente los más rigurosamente establecidos y muchos extensamente verificados de todas las llamadas leyes del carácter. Desde el tratamiento clásico de este tema se consideran axiomas, y a partir de ellos se crean deducciones que, en la forma, la ciencia ficción es similar a la geometría. Como ya se ha dicho, los resultados obtenidos son de una generalidad estupenda y también de gran alcance en aplicaciones técnicas, además de en consecuencias filosóficas. Es uno de los maravillosos triunfos de la física teórica. Al lado de este concepto surgió otra forma de tratar el tema mucho menos extendida y mucho más personal, pero que ha demostrado ser una ayuda inestimable para el estudio. En el momento en que se comprendió que la energía mecánica y la térmica son convertibles, se hizo inevitable que los físicos buscaran una teoría mecánica completa del calor. La noción clara era que el calor consistía en su energía del movimiento de las partículas minúsculas, o átomos, independientemente de cuya presencia era más o menos comúnmente aceptada porque el debut de Dalton del concepto nuclear para explicar sus leyes de la sustancia de porcentajes definidos y varios. Para ser capaz de producir este concepto, las leyes de los mecanismos necesarios para ser implementado matemáticamente a enormes agregados de átomos que reaccionan entre sí en una variedad de maneras. La condición más fácil de la cosa desde ese punto de vista será que el gaseoso; también en las palmas de Clausius y Maxwell la teoría cinética de gases creó progreso asombroso en un par de décadas. El concepto atómico y molecular llegó a ser una vez cualitativo y definido. Ciertamente uno de los átomos de Dalton podía ser de casi cualquier tamaño siempre que fuera lo suficientemente pequeño como para escapar a la vigilancia de una persona y tuviera la proporción adecuada de masa con respecto a las diferentes moléculas; sin embargo los átomos y los átomos del concepto fisiológico tenían masa, dimensiones, velocidad y recorrido libre determinados y calculables. Llegaron a ser bastante reales para los físicos y siempre se han utilizado en experimentos de justificación y preparación.

Hace unos veinticinco años se creó un ataque decidido contra la mayoría de las teorías nucleares con Ostwald y sus seguidores, uno de los químicos corporales, en gran parte por ignorancia acerca de las pruebas reales sobre las que se establecieron. Ellos exudan tales conceptos desde metafísicos producto de su imaginación y los asaltaron como barreras al progreso real en la doctrina de la naturaleza. La religión de los físicos, sin embargo, no fue impugnada ni por un momento; también ha sido justificada con el desarrollo de los descubrimientos en las décadas intermedias. El pasado dudando Thomas fue convencido y sólo las personas que niegan que la objetividad de la cosa ahora puede preguntarse la verdadera, la presencia física de moléculas y átomos. Durante los trabajos de Boltzmann, Gibbs y muchos otros, el uso de la mecánica estadística a las ediciones moleculares se ha diseñado y se ha generalizado para ser relacionado con otros países de la cosa comparados a gaseoso; y los esfuerzos fueron hechos para disminuir el total de no - dinámica en una fundación mecánica. El tema es realmente difícil con muchas desventajas para los muy cautelosos; y tenemos que concluir, creo, que el esfuerzo ha cumplido un ritmo que probablemente se está cerrando. Sin embargo, ha conducido directamente a la teoría cuántica de Planck, una fantástica generalización que es el tesoro más enojoso y también el más prometedor que posee este físico en la actualidad. El próximo gran hito del que tenemos que tomar nota es que la unificación de los conceptos de la electrodinámica y por supuesto la óptica de Clerk Maxwell. Él nos informa, impresionado con la fertilidad y el valor de los pensamientos de Faraday, eligió, al comenzar su profundo estudio de la energía, no ver más matemáticas sobre el tema hasta que hubiera dominado las "Investigaciones Experimentales" de Faraday." Maxwell era un matemático excepcionalmente culto y auténtico y sus periódicos iniciales sobre electrodinámica estaban dedicados a decir en aparente tipo matemático varias de las hipótesis y maneras de pensar de Faraday. Al igual que su maestro preferido, se resistió a las acciones en un espacio y centró su atención en el medio a través del cual pueden transmitirse las fuerzas cinéticas.

En muchas memorias impresas durante los años sesenta que dio detalles de las versiones mecánicas que se adaptaron al fin. Por medidas lentas estos auxiliares han sido suprimidos y en exactamente el mismo tiempo el concepto excede mucho su intención inicial de traducir Faraday en la terminología matemática. Maxwell demostró claramente que los detalles conocidos de la electrodinámica podían resultar de las acciones de un moderado y por una justificación matemática rigurosa que le faltaban los derecho - lazos que este medio tiene que poseer. Éstos demostraron ser indistinguibles en todos los detalles junto con la gente que tenemos que atribuir en el éter luminiferious para explicar los fenómenos de la iluminación. Por lo tanto fue creada la teoría electromagnética de la luz más dos buenos dominios de la física habían sido reunidos bajo un sistema de hipótesis expresado obviamente en la clase de ecuaciones diferenciales.

El libro de Maxwell "Tratado de Electricidad y Magnetismo" en 1873 ha sido una ocasión de la primera importancia en la historia de las matemáticas. El nuevo concepto era lento en producir su manera, particularmente en el continente de Europa, también Maxwell mismo murió en 1879. Su trabajo fue consumido, pero por varios adherentes dedicados uno de los cuales podríamos citar Heaviside, Lodge, Rowland, Poynting, Gibbs, J. J. Thomson, junto con Larmor. Ya en 1886 Hertz, cuyo enfoque había sido conducido unos años antes al concepto de Maxwell por Helmholtz, creó un seguimiento involuntario que a su intensa mente proporcionó la oportunidad de una evaluación inmediata de la limitada velocidad de propagación de la actividad neuronal. Su brillante colección de experimentos demostró que la presencia, la velocidad y las propiedades de las ondas electromagnéticas servían de afirmación completa del concepto de Maxwell. Todos ustedes comprenden que las maravillas de la tecnología inalámbrica son un efecto inmediato de los experimentos de Hertz; sin embargo, para el físico eso es mucho menos interesante e importante que la continua expansión en alcance y poder de las ecuaciones de Maxwell, que se acercan más a este ideal de una "formulación planetaria" que cualquier cosa conocida por el hombre contemporáneo de ciencia ficción. Durante algo así como diez años se había supuesto comúnmente que las principales trazas de esta ciencia de la física se atraían en forma bastante decente, y posiblemente definitiva. Sin embargo, quedaba mucho por hacer, preocuparse por los detalles, perfeccionar los conceptos y aumentar la precisión de las dimensiones. Se ha realizado un trabajo fantástico y muy valioso en este sentido en varias disciplinas; por ejemplo, puedo referirme brevemente a la evolución de la medición precisa en espectroscopia.

El uso del espectroscopio para un modo de análisis químico había sido puesto a una base sólida alrededor de 1860, por Bunsen y Kirchhoff, y también el uso de la técnica se ha extendido, con el colorido descubrimiento de Kirchhoff, a las atmósferas de las estrellas y el sol. Usted sabe algunos de los grandes resultados que han adoptado el uso de este espectroscopio a las dificultades astronómicas, así como el aumento de esta ciencia fronteriza que se conoce como astrofísica. Fantásticos avances en los dispositivos espectroscópicos fueron producidos por Rowland, Michelson, junto con muchos otros, y que creció todo un cuerpo humano de hábiles espectroscopistas, que se comprometieron a la medición precisa de sus longitudes de onda de sus innumerables líneas espectrales entregados de los diversos componentes químicos y también al descubrimiento de las conexiones causales entre los valores numéricos de las longitudes de onda. Se esperaba que estas observaciones pudieran arrojar luz sobre la disposición de los electrones, pero durante varios años no se ha avanzado en esta dirección. De hecho, es sólo últimamente que los resultados de una creación de espectroscopistas están empezando a ser útiles para este propósito y justo después de la pista a algún concepto de la estructura nuclear fue otorgado por las investigaciones en diferentes campos.

La espectroscopia es casi el único elemento de la física en el que se recopiló una enorme masa de información antes de la presencia de una teoría o concepto rector que guiara el trabajo. El procedimiento de inducción y clasificación que ha desempeñado un papel tan importante en algunas otras ciencias parece estar relegado a las cuestiones de matemáticas. Las mediciones precisas, sin embargo, crean ocasionalmente descubrimientos brillantes... cuando caen en las manos adecuadas. Un ejemplo clásico de esto es que el descubrimiento del argón de Lord Rayleigh porque la consecuencia de una tarea bastante prosaica para volver a determinar con una precisión fantástica el grado de nitrógeno. Como secuela del trabajo de Rayleigh, una familia completa de componentes químicos, cuya presencia era completamente insospechada por los químicos, fue detectada por Ramsay. Sin embargo, sólo en raras ocasiones suceden cosas de este tipo; por lo general, una verdadera dimensión no contribuye a ningún resultado excitante, sino que ocupa su propio lugar entre las buenas piedras de base de esta ciencia. Y durante posiblemente una década estuvo bastante extendida la opinión entre los físicos de que esto es exactamente lo que tienen que anticipar, y el futuro de las matemáticas puesto "en la posición anterior de los decimales". Todas estas anticipaciones de una cierta edad útil, si un poco aburrido, más viejo debido a su investigación fueron decepcionadas agradablemente en los años muy pasados de este siglo del estallido impresionante de descubrimientos repentinos uno de los rayos de Rontgen vino en período de tiempo. Esto ha sido seguido a la vez por el descubrimiento de Becquerel de la radiactividad, la identificación de este "corpúsculo" subatómico o electrones de J. J. Thomson, junto con los diagnósticos de esta ionización de los gases que han contribuido a una gran cantidad de resultados significativos.

Ningún físico que haya alcanzado la edad madura puede pasar por alto la atención romántica de sus diez años posteriores a 1895, cuando los descubrimientos miméticos se sucedían en rápida sucesión y las revistas del cuerpo se anticipaban con la impaciencia no como la urgencia de los papeles . Sin embargo, las noticias eran buenas y enumeraban una cadena casi ininterrumpida de éxitos. Estos descubrimientos han sido, como ya he dicho, inesperados, pero no fueron en ningún sentido casuales. Llegaron como resultado de un cuidadoso y prolongado análisis de su descarga eléctrica a través de gases enrarecidos- un conjunto de sucesos más complejo bastante difícil de instalar orden. Veinte años antes, Maxwell había predicho que el próximo buen paso en nuestra comprensión de las conexiones entre el poder y el tema vendrá de un informe sobre esta liberación a través de gases; también fue procesado en esa alma por muchos chicos aunque la insinuación de que los buscaron durante veinticinco décadas. Como vino , había sido en un tipo que era, por lo que yo sé, completamente imprevisto y sorprendente. Esta fue en gran medida la situación que nos llevó más de una década para aprender con toda seguridad exactamente lo que eran los rayos X. No fue hasta 1912 que el descubrimiento de Laue de la difracción de los rayos X por la función sub-secuencial de W. H. y W. L. Bragg hizo bastante seguro de que estos haces eran de carácter idéntico como suave, pero con amplitudes de onda sólo alrededor de 1/5000 de los del espectro visible.

Esto había sido realmente por un tiempo que la teoría prevaleciente con respecto a su carácter sin embargo, había poca evidencia cuantitativa para tomar medidas y sólo un par de años antes de este descubrimiento de la difracción abierta W. H. Bragg mismo presentó varias razones para creer que los rayos X pueden ser corpuscular. El análisis de las ondas muy breves nos ha dado una comprensión valiosa de la esencia de estos átomos de varios componentes y garantiza un progreso aún mayor a largo plazo; ha dado una manera nueva y muy eficaz de analizar la estructura cristalina, y ha alterado nuestro concepto de la esencia de la mezcla química dentro de las formas de vida cristalinas; y también pretende conseguir un software práctico tan útil en el sector ya que la espectroscopia estándar.

El descubrimiento de esta radiactividad por Becquerel seguido casi instantáneamente por el descubrimiento de Riontgen de estos rayos X, también ha sido en cierto modo un resultado inmediato de esto; son igualmente también porque han tenido importantes programas médicos que han atraído mucho la atención del público. El dramático descubrimiento del radio por Madame Curie ha sido un episodio temprano en el trasfondo del tema. Pero, sin duda, el principal desarrollo en este campo fue la institución por Rutherford y sus estudiantes del origen y el origen del poder de esas radiaciones. Ha revelado de la manera más espantosa que son debidas a la desintegración de estos átomos de los elementos árticos -uranio, torio, radio, etc.- y que una transmutación espontánea de esos elementos está ocurriendo constantemente.

La genealogía de estos componentes radiactivos se entiende con más precisión que la de las casas reales; junto con los números de mortalidad y nacimiento de los diversos tipos de átomos han estado en todos los libros de texto. De ahí que parte de la fantasía de los alquimistas se haya hecho realidad, pero sólo una parte; para sortear la corriente se han descuidado todos los intentos de realizar de forma no natural la transmutación de estos componentes pesados. En realidad todavía no estamos en condiciones de cambiar en lo más mínimo la transmutación espontánea de estos componentes radiactivos; no puede ser retardada ni acelerada por ninguna oficina bajo nuestro control. Entendemos, sin embargo, que enormes reservas de energía han sido encerradas en los átomos de estos componentes más pesados y si llegara el momento en que esto fuera a veces descargado y controlado por el hombre, causaría una revolución en los procesos industriales más simple que la que siguió al debut del vapor y la energía. En las últimas décadas se ha dado un pequeño paso en esta dirección.

Rutherford ha adquirido la prueba de que el sistema biliar podría ser dividido por bombardeo con rayos alfa, que entre estos productos del procedimiento es el hidrógeno. No es demasiado pronto para respetarlo como ciertamente demostrado; sin embargo, aunque sea exacto, la suma de materia transmutada de esta manera es demasiado momentánea, mientras que la cantidad de energía liberada del procedimiento (si la hay) es muy inferior a lo que potencialmente podría cuantificarse. Nos hemos acostumbrado a los pequeños fuegos que finalmente crean resultados fantásticos; junto con también un físico contemporáneo sería imprudente de hecho que debe tratar de poner límites a las posibilidades de descubrimiento potencial en esta dirección. El descubrimiento del electrón fue igualmente un caso de la primera importancia en la historia de la ciencia. Es el átomo de mayor poder dañino y forma parte de los átomos materiales. Además, puede existir en la condición "incorpórea", tal como en los rayos catódicos, los rayos beta del radio, y también en el flujo digital de los cuerpos incandescentes. En el último de esos tipos se ha demostrado que es de gran utilidad práctica para la telegrafía anti y sin hilos del tubo audiónico o termoiónico que es el origen de la mayoría de las mejoras notables en esas áreas durante las cinco o seis décadas anteriores. En el físico junto con el químico de ahora el electrón es un concepto necesario en ambos análisis experimentales y teóricos; y su hecho podría ser impugnada sólo en estas razones filosóficas que podrían añadir duda la presencia de sujeto en sí. El carácter de la energía positiva no es demasiado definitivamente entendido; sin embargo, se está acumulando evidencia de que también existe dentro de un tipo atómico desde el "núcleo" de esta molécula de hidrógeno-el residuo dejado una vez que la molécula de hidrógeno se debe a su propio electrón negativo. Cada vez es más probable que los "núcleos" de los diferentes átomos se construyan a partir de ellos y de electrones. Si este conjunto de hipótesis debe soportar la prueba del tiempo tendremos que resolver esta materia y el poder son detalles únicos de la materia idéntica-que las moléculas de la materia están formadas por diversas colocaciones de estos átomos de poder negativo y positivo.

Otra línea de cuestión corporal que se ha mostrado de fundamental y profunda importancia es la de la llamada teoría cuántica de Planck. Comenzó en el análisis (tanto teórico como experimental) de esta durabilidad y calidad de la radiación por una "figura negra", o radiador ideal, cuando se almacena a una cierta temperatura. Toda la intensidad de estas radiaciones fue deducida a sabiendas por Stefan en los fundamentos de la termodinámica y el resultado predicho ha sido verificado por la experimentación. Cuando se hace el esfuerzo de predecir la manera en que se dispersa la potencia del espectro, para tener la capacidad de decir qué porción de toda la intensidad es completada por cualquier período de onda específico, la cuestión se vuelve mucho más difícil. Es necesario recurrir a procedimientos estadísticos similares a los utilizados por Maxwell, Boltzmann y Gibbs para contabilizar las propiedades no energéticas de las células. Los primeros pasos en esta dirección los había dado W. Wien, pero las deducciones de su concepto no estaban totalmente de acuerdo con los resultados experimentales. Planck logró obtener una formulación que concordaba con la experimentación, pero sólo creando hipótesis seguras bastante aventureras; la más notable de ellas es la emisión, o incluso la absorción de radiación, ya sea o posiblemente, no sucede lentamente y siempre como siempre habíamos supuesto sino por "cuantos" finitos y diferentes. Desde 1 punto de vista esta teoría de Planck podría considerarse que extiende el área del concepto nuclear, hasta ahora limitado a la cosa a la energía también. No puedo esperar indicar incluso en el poco tiempo a mi disposición revolucionarios supuestos de Planck son; siguen siendo bastante imperfectamente bajo- estallar y todavía no ha sido posible conciliarlos totalmente junto con diferentes detalles y leyes generales que parecen romper sobre fundamentos muy fuertes. Realmente, en el caso de que los resultados de las especulaciones de Planck se limitaran a la deducción de alguna formulación a la radiación de una figura oscura no habrían, creo, comprometido el cuidado crítico de los físicos.

Sin embargo, empezaron a aparecer de forma inequívoca en diversos campos de investigación, por ejemplo, en relación con el efecto fotoeléctrico, junto con los rayos X, también en la mayoría de las teorías de la estructura nuclear. En la actualidad nadie duda de que la mayoría de nuestras nociones fundamentales en mecánica y electrodinámica tienen que revisarse a la luz de este concepto cuántico que, sin embargo, se encuentra en sí mismo en un estado realmente inmaduro. La cuestión que se plantea de reunir bajo un mismo sistema cuerpos de sucesos aparentemente discrepantes es muy difícil y quizá tengamos que esperar a otro Newton para resolverla. No obstante, posee la mejor fascinación para la mayoría de los físicos teóricos; pueden felicitarse por la propiedad de una cuestión no resuelta de primerísimo tamaño y de tema fantástico y comprenden que mientras continúe, la vida no será aburrida para ellos. Tendría que desesperarme si hubiera sido necesario ofrecer, en la conclusión de una conferencia demasiado larga, el relato de Einstein, la relatividad y la gravitación. Afortunadamente, cualquier necesidad que puedan sentir de educación sobre esos temas ha sido satisfecha por los artículos, las publicaciones y por innumerables novelas, populares y de otro tipo. Sin embargo, permítanme decir con toda seriedad que cuanto más se entienden los antecedentes y los desarrollos actuales de la física, más sincero y apasionado es el respeto por la identidad y la colorida imaginación del genio de Einstein. En la actualidad no parece probable que sus descubrimientos vayan a tener tanta influencia en el futuro de las matemáticas como otros de los que he hablado. Sin embargo, la consecuencia final de su trabajo sobre los métodos utilizados en el aspecto teórico de la ciencia física bien podría resultar radical; y parece muy probable que cambie en cierta medida nuestros puntos de vista filosóficos sobre la esencia del universo exterior y de nuestra conexión con él. Puede que le haya pasado a usted, que dentro de mi insoportable esbozo del avance de las matemáticas desde 1895, haya hecho un uso bastante regular de estos términos como "significativo", "que hace época" o incluso "revolucionario". La realidad es que la mayoría de los diversos descubrimientos y conceptos que surgieron de forma más o menos independiente y que ahora se han mencionado individualmente son elementos constitutivos de una "revolución" que aún no ha alcanzado su clímax. Una de las mayores alegrías intelectuales de este físico actual es observar cómo estas cuestiones aparentemente diversas encajan unas con otras y ocupan el lugar que les corresponde en una estrategia global que está adquiriendo rápidamente forma y coherencia.

Las nociones más nuevas de la física están utilizando un efecto profundo sobre las nociones básicas de la química y están atrayendo las características de ambas ciencias considerablemente más cerca juntas. Han hecho posible una noción lógica de la ley de Mendelejeff, también han desplazado el peso desde el elemento controlador en la conclusión de sus propiedades químicas de estos componentes. También han dado motivos para una expectativa extremadamente razonable de que el futuro puede observar la maduración de un verdadero concepto de mezcla química, que es definitivamente mucho que desear. La naturaleza global de este profundo cambio que se está produciendo de las ideas básicas de los sexos podría quizá decirse breve e inadecuadamente a partir de los próximos términos. Los descubrimientos actuales en la ciencia nos han permitido experimentar de muchas maneras con el átomo persona y también para averiguar algunas de sus propias propiedades y acciones. Hasta hace poco hemos estado en condiciones de manejar promedios estadísticos del comportamiento de enormes cantidades de átomos y átomos y todas nuestras leyes físicas se basan en esta comprensión estadística. La evidente conexión entre los ancianos y las fórmulas más recientes bien podría deberse al desfase. Es bastante posible que las leyes supremas que rigen las actividades de los átomos sean absolutamente distintas de las leyes de la mecánica y la electrodinámica que nos son tan familiares que parecen casi axiomáticas. Si esto debe ser así, las "legislaciones" reconocibles no perderán en ningún caso su validez sobre el área que han regido tanto tiempo; sin embargo, comprenderemos que no son básicas y principales, sino legislaciones cibernéticas secundarias por las que gran parte de su identidad de acciones corporales ha sido limada mediante el procedimiento de promediación. Llegar al punto de perspectiva es obviamente todo un lubricante para todas aquellas personas que fueron amamantadas y criadas del régimen precedente. Sin embargo, esta angustia se ve compensada con creces por el intrigante y aparentemente inagotable campo de especulación e investigación que se abre para nuestro uso y disfrute.

Don't miss out!

Visit the website below and you can sign up to receive emails whenever Jordan Rodriguez publishes a new book. There's no charge and no obligation.

https://books2read.com/r/B-A-MJMX-DXMHC

Also by Jordan Rodriguez

Historia de las Matemáticas: La Historia de Platón, Euler, Newton, Galilei. Descubre a los Hombres que Inventaron el Álgebra, la Geometría y el Cálculo.
Historia de la Física: La historia de Newton, Feynman, Schrodinger, Heisenberg y Einstein. Descubra a los hombres que desvelaron los secretos de nuestro Universo